堂本面包店

Domoto Bakery Store

陈抚洸

——著

海峡出版发行集团 | 福建科学技术出版社
THE STRAITS PUBLISHING & DISTRIBUTING GROUP | FUJIAN SCIENCE & TECHNOLOGY PUBLISHING HOUSE

味觉的启发师

世界面包冠军

从业30年来，阿洸对我来说是一个特别的存在。他不仅是我的好友，也是我学习面包路上很重要的味觉启发老师。

阿洸与我不同，他并非学徒出身，也不曾真正学习过面包。正因为如此，他常常带给我许多不一样的想法，使得我在面包创作上、在风味认知上、在学习心态上，都有了不同的视角。

阿洸在这本书中提到的一些故事，发生在我们一起走过的岁月里。

当年，阿洸与我总是在下班后，穿着厨师服骑着小绵羊①到处跑，我们吃过一家又一家的路边小摊，也勇闯巷弄里神秘的小餐馆。我们就像小孩子玩冒险游戏那样，在大街小巷进行属于我们的味觉探索之旅。那段单纯而美好的时光，至今咀嚼回忆，仍然有滋有味。

这本书集结阿洸这几年的历练，对于面包创作的体悟，以及追寻风味一路上的见闻，在这里阿洸将它们通通不吝啬地分享给大家。

编者注：①一种两轮摩托车。

人生，该是一场
生命分享的飨宴

导演

林正盛

　　大约在四五年前决定开始写吴宝春的故事，就打了通电话给陈抚洸，电话中简单招呼几句之后，我直接就问："你为什么愿意教他，带他开发味觉？"

　　"他说吃我的面包会感动啊！"电话那端感觉得到在淡淡笑意里说着的陈抚洸，微微顿一下又说："他用吃了会感动来形容我的面包，我当然要跟他分享啊……"分享。对，分享就是我在电话中通过言语，对陈抚洸留下的印象。

　　写剧本期间，大约跟阿洸通了三四次电话。剧本写好，找资金、看演员、找景，电影筹备了起来，一直没去台中堂本拜访阿洸，一直继续在电话中联络，阿洸却是说起话来像是熟识多年的老朋友般，对于我们剧组电影筹备的需求，可说是有求必应地提供帮助。到这时，我一直还没跟阿洸见面。

一直到电影筹备进行到要确定场景时，才下台中看景，到堂本面包和阿洸相见了。阿洸高壮，目光明亮，脸上带着一种自信的淡淡笑意。这样的淡淡笑意，会给初初相识的人，一种臭屁臭屁的感觉。当初我就有这样的感觉，可我喜欢这样臭屁臭屁的阿洸。

那是把"要做就做好，做到最好"的信念，在生活里踏踏实实地实践，而融合进生命底里，内化为"事情本来就该是这样做的啊！有什么好奇怪的！""一个面包师，给顾客吃到最好的面包，是他的本分，哪有什么好特别的"这样一种专业态度，进而延伸为"生活不就该这样努力着，美好事物本来就是拿来分享的啊"这样正向美好的人生态度。

那次台中看景，我跟阿洸一见如故，相见欢喜。就如我跟宝春第一次见面时一样，有种像是老朋友般熟悉欢喜的感觉。这样的熟悉欢喜的感觉，当然是以我也曾经是个面包师的背景作为基础，更重要的，是因为我感受到他们美好的生命质感，深深为之动容倾心，欢喜结交为好友。

其实，阿洸愿意跟宝春分享关于面包制作的种种，愿意带着宝春去尝美食，开发味觉，其间还有故事，时间往前，来到阿洸刚刚开店时，一个斗六①魏大哥相助于他，有一段非常动人的故事。当年拍《世界第一麦方②》，很想把这段故事拍进电影中，但因电影是以宝春的故事为叙述结构，也就忍下了心中冲动，割舍了这个感动人心的故事。

在书中一篇名为《宾士车③的灵感快递》的文章中，阿洸写出这段他与魏大哥的动人故事，看了就会知道那份分享的心意有多么地动人，就理解懂了阿洸跟宝春分享面包制作、分享味觉开发的那份心意的美好。

这段动人的故事，阿洸已经写在书中，我就不在这里多言赘述，只想跟大家分享，当时阿洸跟我说了这个故事，说完后，停顿了一下，最后说："咱一通电话打去，人伊④宾士开着就来，一包面粉抱下来，就教咱按怎（怎么）做，人家按呢（这样）对咱，咱也要按呢（这样）对别人……本来就应该的，好的一定要给大家知啊！"就是这份因缘于斗六魏大哥的分享精神，阿洸乐于将面包制作专业，跟同行分享，乐于带宝春去尝美味，开发味觉。

编者注：

①斗六：台湾的一座城市，下属于云林县，位于台湾中部西侧。

②麦方：台湾对面包的另一种称法。

③宾士车：即奔驰（Benz）车，系台湾地区译法。

④人伊：闽南语，意为人家。

这份因缘造化，意外造就了宝春开发味觉之旅，从不断外求认识各种食物料理美味中，慢慢地找回自己记忆中的感情味觉，而找到了妈妈冬至桂圆米糕的美好滋味，而开发出酒酿桂圆面包，开展了他走向"世界面包冠军"的道路。就我观察理解，宝春之所以能在味觉开发里，回到自己的记忆搜寻，找回自己的感情味觉，除了宝春的心性使然，我以为还是因为阿洸跟宝春分享的，其实不只是面包美味，不只是食物美味，还有从这些美味所联结着的生命故事，是人生滋味的分享。

这就是我认识的阿洸，我喜欢他目光明亮，喜欢他带着自信的淡淡笑意，喜欢他踏踏实实地实践在生活里的那份单纯美好的生命相信，他相信一个面包师就该做出最好的面包给顾客吃；他相信自己拥有的美好事物，本来就应该分享出去；他相信面包业的未来发展，是建立在同行面包师们愿意相互分享面包制作知识与技术，而形成良性竞争的环境，师傅们一起比的是面包谁做得好吃。

这样一个好品质的人写的故事，写成的书，当然好看，不容错过。最令我惊艳的是，阿洸说故事的天分非常高，文字朴素中透出美感，尤其在形容对各种面包、甜点的感觉时，所用的比喻文字，读起来真是享受，会在人心底会心地幽微流转。看似娓娓道来的叙述里，总有不经意转身的回旋舞步般的动人，尤其他在叙述一种种面包、甜点的美好滋味，以及联结在这些美好滋味里的生命故事时，真就描绘出了摇曳动人的生命美好。

以曾作为一个面包师的我来说，为台湾面包业有阿洸这样的面包师感到骄傲。

以作为一个人来说，阿洸有直爽温暖的心性，乐于分享的正向美好的生命质地，是我非常引以为傲的一个朋友。

而以作为一个导演的我来说，我想悄悄地跟阿洸说："来啦！快来……不只写书，也可以写剧本，写好剧本，说不定还可以自己拍呢！你故事写得太好了……"阿洸如果愿意考虑，说不定台湾会出现第二个面包师导演哦！

这是一本面包书，一本有美好生命故事的面包书，一本将美好生命发酵起来，发酵出香甜淳厚美好人生滋味的面包书。

这是一本分享生命的书。

相知相惜的
良师益友

Feeling18巧克力工房董事长

在台湾面包界中，有"北野上、中阿洸、南宝春"的封号。而人称阿洸师傅的陈抚洸，我与他相识已久，他是一位对烘焙极为热爱与专业的师傅，对于面包的要求，可以用"龟毛"来形容，而偏偏我的个性跟他一样，所以一拍即合，几年下来也培养出不用言语就可以心灵相通的默契。

喜欢不断尝试新东西的我，最爱邀约阿洸师傅跟我一起挑战味蕾，走访世界各国10次至少有8次是和阿洸师傅一起。记得有一次我们一起到法国，同行的公司干部看到一间名店的马卡龙，跃跃欲试地拉着我们要去买来品尝，我俩一看不约而同地摇摇头说不要，干部依然坚持要买来吃，结果一试之后，眼睛露出崇拜的表情看着我们说：不好吃，难怪你们不要吃。甚至还有好几次，我们没有约定，却同时买了同一款的衣物，聚会时才发现我们撞衫了。就是这样的好默契，让阿洸师傅的太太都开玩笑地戏称：你比我还了解我老公。

　　Feeling18巧克力工房在创店的时候，阿洪师傅投入了相当多的心力给予协助，因为本身也是烘焙师傅出身的我，在堂本和亚森两店开店的时候，对于产品设定与研发，我也是当成自己的店要开一样，不眠不休地一起讨论跟试做，希望可以将最好的东西提供给每一位消费者，三不五时我就会去店里购买许多好吃的产品，推荐给身边的亲朋好友，好东西与好朋友分享，也让更多人认识这些美味的面包。即使现在营运都上轨道了，我们还是会去彼此的店"巡头看尾"，这是一种革命情感的升华，同行不但不相忌，反而相知相惜像是家人一般，因此我们都跟着小孩的称谓，我叫他阿洪叔叔，他回头叫我茚阿伯！

　　阿洪的面包，没有华丽铺张的外表，就如他书中所提到的"敢做梦的大枕头面包"，纯粹朴实，但简单里面却有着深刻、迷人的味道，让人一吃就上瘾。我3岁的女儿最爱他的白吐司，常常一次可以吃掉4片，嘴巴挑剔到不吃外面市售的吐司。我曾问女儿说，是阿洪叔叔做的面包好吃，还是"拔拔"，她毫不犹豫地说阿洪叔叔。虽然心里很吃味地安慰着自己说，那是因为女儿没吃过我做的面包，但心里却是感到开心，因为我挚友制作的面包好吃到连3岁小孩都说赞。

　　懂得吃，还懂得美学生活的阿洪师傅，之前是从事音响工作，面包对他而言是个全然外行的东西。但他凭着自己的认真、毅力，试炼、调整后，跨领域地执业，造就了现在的成就。他不按牌理出牌，总是充满着天马行空的创意，每当推出新品就会让人为之惊艳。他也教会我体验烘焙的多样层次与更多乐趣，是我的良师益友。

　　这本书中阐述了许多阿洪师傅的奋斗史，有欢笑也有泪水，再搭配简单易学的各式面包做法，图文并茂，也可以让人轻松在家做出大师级的面包，是一本不容您错过的好书。诚挚地推荐给您，请您细细品味每一个章节，用心去窥探阿洪师傅的生命故事。

藏在面包里
的美好人格

台湾护树协会理事长

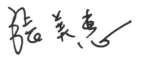

前几天去堂本买面包，架子上有一款新的起司棒，忍不住买了尝鲜，一如以往只要离开店门就会无法控制地打开原本计划好明天早上要吃的面包，拿了一根——卡咻地咬了一口……

天啊，我到底吃了什么东西？

和煦的阳光照在绿油油的草地上，风中的麦田翻滚着波浪，健康的牛只正要进入牛棚，空气中传来婴儿熟睡在妈妈怀中的甜美，起司的香气迸发在口腔中，余韵如歌声婉转绕梁，刚出炉的余温来自火杯的考验，所有的滋味在高温烈火中最后协调出完美的滋味。我愣愣地站在巷子口，一时之间不知道该何去何从，慢慢地再咬下第二口。

这是上帝与阿洗师傅共同演出的杰作，一根简单的起司棒，世界上最美好的风火土水的味道都有了。

如果说从一篇文章可以看出作家的学养，从结果可以印证政治人物的能力，从画作中可以看出画家的功力，那么以我吃面包的经验，我可以说从一片面包当中可以吃出面包师傅的人格。

从某方面来说年轻的阿洗师傅是我的老师，饮食业者很多都会去标榜不添加防腐剂、增色剂、保色剂、重金属、化学香料等等。阿洗根本不需要向我们这些粉丝们说这些，因为他不需要说，这是身为粉丝对于他人品的了解与信任。

在烘焙产业搞得轰轰烈烈之今日，有的是上市上柜，有的是标榜什么贵妇名媛的店，有的猛打广告找博客推荐，有的店则是排队抢购和网路疯团购等。阿洸却置身事外地每天固定两家店开店关店的，星期日照样休息，一副"日出而作，日落而息，帝力何有于我哉"的样子。这难免让我们关心他且看重他的朋友着急地问："你是不是需要钱投资大一点？"阿洸都说现在这样已经很好了，能够把现有的规模品质做好，剩下来有时间可以生活就是最好的事业了。

我笑一笑，我懂了，不贪求是把品质做好的基本条件，而不贪求正是最美好的人格品质之一。

吴宝春拿到世界面包冠军的那一年，有很多的报纸杂志来采访，不忘本的吴宝春不断地提到阿洸师傅，感谢阿洸师傅教他"味觉"，引领他进入美食的圣殿。阿洸对吴宝春得奖觉得很引以为荣，却对自己无私的贡献默默不语。有一次他跟我讲一个菠萝面包的故事，我登时明白，美好的人格是可以通过面包去感染的，这个故事非常地令人动容，就请大家自己看故事了。

很多人不知道，阿洸真正让我感动和震撼的是他的成长背景，他的兄弟姊妹是医师，而他只有高职毕业，29岁投身烘焙业已经算是超龄的鲁蛇①了。刚开店的时候，陈爸爸对阿洸说只要能够卖够自己生活就好，阿洸也说他本来也只是想一天可以卖出3000元新台币②的面包，图个温饱即可。堂本开在巷子里，这个巷子还很难找，找不到而生气的客人也挺多的，但是不久后深巷中的面包香却通过口耳相传传遍了挑剔的台中饕家。

酒好不怕巷子深，面包好也是。在许多店家会因为招牌被树叶挡住而把树砍掉的时代，阿洸师傅用"真正的面包"写下传奇。

把面包做好并不需要豪华的店面装潢，而是要有好的食材，好的食材来源则需要有好的环境，好的水土种出来的麦子才能磨出面粉香，好的龙眼才能烘出好的桂圆，健康饲育的牛只和鸡只才能产出香浓纯净的牛奶和鸡蛋。我们追求美好的生活，高尚的品位，阿洸师傅也推动和实践着环境保护，希望这个已经被破坏得很严重的环境能够因为鼓励健康消费而向好的方向改变。

编者注：
①台湾网络用语，是英文"Loser"的谐音。
②相当于人民币650元。

跨界无碍的
烘焙艺术家

稻禾餐饮集团总经理

　　阿洸师傅是我的老师，也是我们公司的专业顾问，因为他的协助，我们才能开创一禾堂面包这个品牌。这些年，在每个月定期前来台北指导我们的师傅们里，他总是挂着笑容在教学，在我眼里，他更像个烘焙艺术家，创作的作品，总让我们惊艳与感动！

　　这些年，从事这行才理解，原来制作面包和制作西点蛋糕是不同的领域，很少人能够同时两项技术兼具，但当我吃到阿洸师傅的法式马卡龙、日式半熟乳酪、蜂蜜蛋糕、栗子卷，甚至台式的凤梨酥和豆油冰淇淋，都不由得佩服他跨界无碍，玩得自在！

　　他很懂得吃，犹记得去年，我们共同前往日本考察学习，他带领我们遍寻美食，这一顿路边小贩，下一顿米其林餐厅，对吃的品味，绝不将就妥协，精彩无比！

　　在台湾，烘焙业非常辛苦，师傅们体力付出极大，许多人认真工作，内心却不快乐！而当我看完这本书时，发现它记录了阿洸师傅"勇于创新、乐在工作"的创业历程，这样的态度风范也是我们业界少有的，相信对年轻人或专业师傅们，一定会有很好的帮助和启发，我真诚地将本书推荐给您。

谈面包的"家常"与"创意"

陳撫洸

　　从我29岁踏入这行，在漫长的面包习作过程，我深深体认"熟悉"是成就经典风味的关键。许多美食家穷极一生追求不凡的味蕾体验，但终究魂牵梦萦的，还是那一入口就能唤醒记忆涌上的"家常"。

　　这本书的内容记录了我在面包创作上的心路，而当中有许多食谱，更像是日记般，写下这段期间内自己对风味的理解。随着成长累积，这些配方一直都有些许调整，有的是改变发酵方式，以满足我日渐刁钻的味蕾，有的则是因为冬天或夏天，而有不同糖度与盐分的差别（当然，那差异只有2到3克）……直到现在，我觉得它们已经成熟到可以被拿出来分享。这些配方也许不是那么正统，也许也不是那么合乎教科书所叙述，但仔细分析，它们却都合乎科学理论，并且依此做的面包都在堂本面包店已经长销将近10年或超过10年，经过大众的考验，至今仍然受到欢迎。

　　我决定将自己专业生产的面包分享给大家，主要是希望能通过这本书，把锁在专业厨房里的技术与思考，通过更口语化的叙述，分享给更多人——不管是爱好面包，还是其他任何料理的人。

　　本书在编辑团队与我的共同努力下，尽量避免使用艰涩的术语，让每位读者可以更加明白一个面包是如何被发想，经历什么样的改良与配方调整，到足以被推出上市。

　　由于受到一点点法国师傅的影响，我的面包手法或许不像日本师傅那样严谨。但我始终认为这才是料理食物比较正确的态度，就像妈妈烧菜不用磅秤跟量杯，照样可以端出美味佳肴；就像好吃的路边摊阳春面，老板也不见得需要按码表，才能煮出一碗香喷喷的面。

　　我想传达一件事，面对料理，你可以不必当控制狂，开始学会使用上天赋予我们的感官，你就能做出看似毫无道理，却让人想一吃再吃的美味。

　　这，就是家常美味的魔力。

　　长久以来，人们对于面包的认知都框架在"专业"与"技术"；但我却想说，即使是生活中易取得的寻常材料，不用预拌粉或改良剂，靠着单纯的操作手法，也能在家做出美味的面包。我希望让技术回归到生活，把好的概念传递给制作食物与享用食物的每一个人。

　　我们所做的每一个面包，客人吃了都会成为他们身体的一部分。因为对我们的信任，堂本面包店在小巷子里，迈入了第16年，除了宝春的故事之外，还有更多因为面包而交织成的绵绵密密的网，和许多温暖的故事。书写好了，也许会有人寻觅到小巷子来，也许是好奇，或许是向往，还可能是凑热闹，我们都期待与您分享面包的美味。

　　在此感谢每一个陪我们走来的客人，还有在这里付出过年轻岁月，及一路相随的伙伴，以及为这本书一起努力的人。谢谢你们。

目录

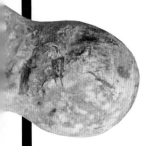

Chapter

爱

p198

本书食谱
使用说明

↘ 事前准备

搅拌机： 食谱中搅拌动作建议使用搅拌机操作，如果没有搅拌机，则改用手揉。

不锈钢盆： 用来混合材料或装盛发酵面团使用。

橡皮刮刀或板刀： 用来切割面团。

电子秤： 切割面团时用来称每份的重量。

温度计： 用来测量面团和水的温度，面团完成时温度宜为24～25℃，温度若超过26℃，面包就会比较容易老化，不太好吃，下回制作的时候水温要再往下调整。

棉布： 面团发酵时用来盖住保湿，也可以用塑料布或保鲜膜代替。

自家培养酵母： 本店昵称叫"小白"。

➔本书材料中的动作稀奶油和发酵黄油，使用的品牌是伊斯尼（Isigny）。

↘ 如何自家培养酵母？
水果菌种

材料

煮沸过的水·········250克

葡萄干或各式水果···60克

蜂蜜··········5克

做法

1.将水煮至沸腾，降温至35℃，将水果菌种所有材料倒入，搅拌均匀。

2.装入消毒过的玻璃瓶中，盖上铝箔纸但不要密封，置于室温下（约30℃）培养。

3.每天将玻璃瓶摇晃一次，使葡萄干（水果）均匀浸渍。

4.过3～4天，如果冬天也许会到5～7天，葡萄干会浮起，周围冒出许多小气泡，闻起来稍微有酒香就成了水果菌种。如果有霉味或臭味就须重来一次。

➔培养水果菌种不用太紧张，第一次的容器有消毒好，后面就没烦恼。这些菌种本来就存在于我们呼吸的空气中，是无所不在的细菌之一。也许手气不好会失败个几次，但是把容器洗一洗，再来一次就好。

培养小白

1.取水果菌种200克与200克面粉混合。

2.放置室温下发酵约4小时。再加100克面粉和100克水拌匀，室温静置4小时，而后再加一次100克面粉和100克水拌匀。

3.换个没有密封的大容器，因为会满出来，再移到冷藏室低温发酵，约2天后便可使用。

4.使用时，每次用多少补多少。例如今天用掉500克，就补250克的面粉和250克的水拌匀就行了。

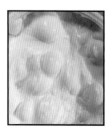

➔养小白的面粉就是酵母菌的食物，可以用不同的面粉，譬如全麦粉、裸麦粉或各式各样不同的粉，会有不同风味。

如何判断面团搅拌程度？

搅拌面团的程度，在它能拉开成"薄膜"状时，就差不多了。

但是如果面团温度已经到达26℃，还不能拉开成薄膜，也别太坚持，因为温度比筋性重要多了。

➔面团发酵完成后，如果没办法一次全放进烤箱，可以把整形完的面团放冰箱冷藏。

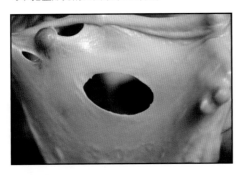

如何自制酒渍果干？

酒渍葡萄干

材料

葡萄干或蔓越莓干…12公斤
朗姆酒（750ml）……2瓶
红酒（750ml）……2瓶
公卖局米酒头①……1瓶

做法

将葡萄干倒入朗姆酒、红酒和米酒头，浸泡两星期就可以沥出来使用。沥完葡萄干剩下的酒汁，可以加入新的酒和葡萄干，再来一次，周而复始，越泡越香。女性同仁表示将果干加进热巧克力中，生理期间饮用，效果非常好。

➔葡萄干泡太久，搅拌时容易破掉，若是用于做面包，就不要泡超过两周，白葡萄酒略淹过白葡萄干，室温下浸泡两周即可。

如何制作烫面（汤种面团）？

材料

高筋面粉…………500克
热水……………500克

做法

1. 面粉放入不锈钢盆。

2. 将沸水倒入，搅拌均匀，趁热用塑料袋包好，移至冰箱冷藏隔夜。

3. 翌日取出即可使用。（面团约可保存2～3日。）

关于面粉

本书制作面包的配方，除了红酒葡萄面包有使用到日本的裸麦粉，法国面包使用到法国T55面粉，其他都是使用中国台湾面粉厂所生产的面粉。堂本面包目前大部分所使用的面粉是洽发面粉厂生产的无添加物的彩虹高筋面粉，并通过不同发酵方式和配方的设计，取得想要的风味表现。

我们经常和外国面粉作比较测试，现在台湾地区各大面粉厂磨制的面粉并不比其他进口的面粉差。这么说不仅是为了减少食物里程、降低碳排放，或是支持台湾当地产业，最重要的是，台湾产的面粉不论在风味和口感上，还是操作性上也都是非常优秀，值得大家选用，尝试做出自己心目中最佳的面包。但可惜的是，台湾地区各大面粉厂的面粉袋看起来都不怎么时尚，也不太有设计感和彩色精美的目录，更没有国外有名的师傅来推广，因此不太容易让大家发现它们的好。

✱本书中的容量换算：
1杯=240ml；1大匙=15ml；1小匙=5ml

编者注：①米酒头是台湾产的米酿白酒，酒精度为34度。"公卖局"是其品牌。

大受欢迎
的丑面包

2000年10月18日，在我妈妈生日那天，我正式开始面包师傅的生涯。那一年我29岁，从音响工程师半路出家学做面包，左邻右舍看不懂我在做什么，又不好意思来打探，只是偷偷议论着我什么时候会倒。

我人生的第一个创业是开一间不可思议的"小"面包店。它开在没什么人会经过的小巷子里，有一个怪怪的名字叫"堂本"，堂本这个店名听起来很日本味，但其实与偶像明星堂本刚、堂本光一之流并无关系。选了堂本两字，只不过是我所有其他喜欢的店名都被人登记了，只有堂本没有人用。

就像这个店名，我的人生在29岁之前与面包毫无关系。我毕业于电子系，原本是音响公司的业务员，为了创业咖啡馆而回到台中，却阴差阳错走上了面包之路，如今我作为一位面包师傅已经16个年头，估计这个身份还会继续保持下去……

‛整天埋首电路板，不亦乐乎‚

我出生斗南小镇一个很普通的家庭，我的哥哥是医生，我的妹妹是医生，在当年就是传说中很会念书的孩子，而我从小到大就是后段班的学生，印象中我最好的一次考试名次是第十九名，因为霸占倒数名次太多回，家族很快就放弃对我在学业上的期待，认为我只要不变坏、身体健康就可以了。当同侪被逼着要用功念书的时候，我都在看大人所谓的闲书，家人一度担心我会没学校可念，而最后我考上了嘉义协志高职的电子科，大家都松一口气："终于有学校可以念了！"

我很开心地跑去念电子系，因为人家说电子系会有很多女生，结果发现全班只有6个女生。不过，我却在这里找到我的兴趣，就算整天埋在电路板中，也感觉玩得不亦乐乎。退伍后，我加入台湾一家很有名的音响公司工作，我在工作中找到乐趣，每天很认真地修机器，好多东西想要去学习，我一天几乎工作14到16个小时，甚至觉得好不想下班！

老板发现，他每次下班时间经过公司，里头的灯都亮着，原来是我一直在弄东西。于是他对我说，你不要再修理了，叫我出门跟着他，学应对客人、学习销售、了解市场。在这段时间内，我看见台湾最顶尖的有钱人怎么过生活，这经验启蒙了我对饮食的兴趣，简直是天上掉下来的礼物。

⸾半路出家的素人面包师⸿

为何我会开面包店，我想那与家庭教育有关吧。在当兵之前，我爸担心我没头路，于是拜托开餐厅的伯伯收我当学徒，想说学个一技之长也好。在那段期间内，我跟着中菜师傅学炒饭，也吃了各式各样的料理，最重要是他教我用赛风壶煮咖啡，启蒙了我这个乡下孩子的饮食经验。

当我在音响业累积足够经验时，我想着回台中开咖啡馆，继承音响公司"要做就做到最好"的信念，我想开一间与众不同的咖啡馆，自己烘豆子、自己做蛋糕……也因为这个契机，让我学起了

烘焙，不知不觉做出了兴趣，进而踏上面包之路。

比起传统面包师傅，我算是半路出家的素人，只是上了几个月职训局的烘焙课，在糕饼店做过几个月的学徒，然后就出来创业了。在创店之前，我用家庭烤箱做些小蛋糕、千层派、苹果塔等批给咖啡馆卖，当时认识的这票咖啡馆老板，给了我相当多制作上的意见，他们自认自己对味觉与品质的坚持难搞算一绝，而我也输人不输阵想跟他们一样"屌屌的"，这种有点幼稚的较劲心理，意外成为我进步的动力。

后来在材料商介绍下，我到了日本习艺，从海外取经回来之后，我自觉功力大增。"应该可以开店了吧。"我这样

想，完全就是初生之犊的心态。

● 靠真材实料打开知名度 ●

还记得开张第一天，一切都在混乱中进行。早上，我穿着厨师服到附近小学发传单，想着待会回到厨房里做出一样又一样的美味面包，等着放学时间牵着孩子的家长来选购，大人小孩都因为尝到刚出炉的面包，露出喜悦的笑容……然而，当天的实况是，我忙了整天就只烤好白吐司，预想中的华丽面包阵容一样也没有出来。"烤面包真是不简单！"下班后累摊在门口板凳上的我，望着即将入夜的灰蓝天空，觉得自己很渺小。

因为我不是哪里来的主厨，或是哪里出来的师傅，我不是那个谁谁谁认识的

谁谁谁，大家都说我是半路杀出来玩票的，甚至连我的装潢师傅都跟邻居说他很担心收不到尾款。不知是幸或不幸，那当下熊熊燃烧的热情，让我听不到任何挫败的声音。

在一次两次的兵荒马乱后，我渐渐掌握工作节奏。初出茅庐的我（其实根本还没出师）没有太多技巧，只是单纯地想：别人要是用10元的材料，我就用15元的材料，然后再卖和大家一样的价钱，总可以弥补一下吧！就这样，堂本靠着真材实料，在这个小社区里逐渐有了知名度，生意也步上轨道。

⸰丑面包吸引吴宝春来拜访⸰

2年后，堂本的面包突然名气爆发，连业界都盛传：在某条巷子里有某个业余的，他做的面包很丑，可是却卖得很好！大家都好奇"丑面包"的来历，而这风声传到宝春师傅耳里，当时在业界已大有名气的他觉得很好奇，于是透过材料商转介来找我，他想看看堂本的面包有什么不同。

说来好笑，宝春第一次来到我的店，他看到我工作的环境播放古典音乐，一副很假掰的样子。他想"这个人哪会这么高尚，我们在工厂里面工作都是听着

卖药电台还有廖添丁，有的还一面抽烟一面吃槟榔。"

他忍不住问："你听这个都不会想睡觉吗？"

当时我不知道吴宝春是哪家面包店的大厨，只是很意外有人竟然会想来认识我这样的素人，出于不好意思或是不知所措，我只好装得酷酷的。

又一次，宝春带着他的面包来找我。他看到有客人一次买了很多，好奇问他会不会吃不完？客人回答说，只要把面包冷冻起来，加热过后一样好吃。

"面包冷冻之后还能吃？"宝春听了觉得不可思议。

有趣的是，宝春他并不像之前来找过我的面包师傅，随意看了看就喷着鼻气说："这也没啥！"他反而对我的任何一切充满好奇，包括古典乐、包括丑面包、包括我看的书……就这样宝春与我不打不相识，我俩从业背景如此悬殊，彼此却意外地觉得很麻吉①，而他也成为我在面包界共同奋斗的战友。

为了百年志业不断努力

在堂本营运几年之后，我感觉有点志得意满。一路看我走来的欧诺咖啡老板陈宜德，某天突然问我："你现在做得

很不错，你未来有什么梦想？"

我意气风发回答他："我想成为一家百年老店。"

他接着问："那你做了哪些准备和努力，可以让你的店变成一家百年老店？"

"呃……"我没料到会被这样反问，只是觉得忽然间头发全都站了起来，那刻起，我从云端回到踏实的地面。原来口中说得容易的梦想，真的要实践起来，可不是这样简单。

为了我的"百年志业"，前前后后我又到法国、意大利、西班牙去，去学巧克力、去学冰淇淋，或是去看食品展，同时我也通过网路、书籍、品尝等各种不同管道精进，一点一滴累积出堂本的厚度。在堂本第5年，我又开了有卖蛋糕的"亚森"，学习国外主厨的管理方法，成立面包与甜点两个专门部门，与一群年轻的面包军团共同工作，以研发为目标，持续进行创作。

如今，堂本走过15个年头，距离大业还有85年，每天都抱持信念往前踏进。像我这样一个不起眼的孩子，能够找到一份工作，从中获得乐趣，得到欢喜与认同，我觉得很福气，也觉得很满足。

编者注：①表示要好、默契、合适的意思。

023

实

验

我开业了。

我对面包充满无与伦比的热情。每天睁开眼睛，我就是做面包，每天闭上眼睛，我就是想着白天做的面包。

我每天睡觉、吃饭、上厕所、洗澡，在工作以及非工作的时间，我都在脑海里复习每个揉面团的动作，想着加糖、加牛奶、整形、发酵、烘烤，我连睡觉都梦见我把一盘盘做好的面包往烤箱里送，梦见一盘又一盘香喷喷的面包出炉。当然也会梦到面包忘在烤箱里，焦黑的惨案。

可是，我看着桌上这堆充满实验精神的失败面包，压根没想到梦境中一盘盘的面包会变成这样。我大大叹口气，我知道我又把钱往水里丢了。戳破彩色泡泡般的梦境，回到现实生活中，我一直在缴交昂贵的学费，一直在失败。

用音响的语言来形容，我就像手残的莫扎特，虽然有着绝对高超的音感，却弹奏不出与耳朵想听到的同等美妙的音乐。我自认对美食有着绝对卓越的鉴赏能力，但我却做不出心中认为的好……

梦想与传奇从此开始

我枕着它，开始作梦，
任凭想象带领，
翱翔在面包的国度。
一路上，有面团与醇酒酵母为伴，
相拥着双手创作，
感谢大面包，
它让我的人生滋味变得丰美。

红酒葡萄面包

Red Wine Bread with Raisins

这一颗不可思议的大枕头，那储存满满滋味香气的面团，包容了所有的一切；它也像一颗未知的星球，唤醒面包师探索与创作的本能。对我来说，大面包是一切故事的开端，它发酵了我的梦想，也发酵了宝春的梦想，它让整个台湾面包界集体做梦，乘着它前往浩瀚的宇宙。

Chapter /
experiment

实 验　　红酒葡萄面包
　　　　Red Wine Bread with Raisins

My "Bread" storming
面包，我是这样想的……

敢做梦的
大枕头面包

在还没开始做面包之前，日本料理比赛节目《电视冠军》就很吸引我，某次播出面包师傅的对决时，记得有位面包师将红酒倒入面团里，这举动令我印象深刻。酒精可以消毒，不会把酵母杀死吗？在今日这问题听来荒谬，但在十几年前，大部分人都认为如此，用酒来做面包？别笑掉大牙了。

在研究酵母的过程中，我发现酵母的用途多元，包括酿酒也必须靠酵母来作用，既然如此，酒非但不是酵母的克星，反而是酵母的好朋友啰？靠着一点点科学推论，我很放心地把红酒倒进面团，果然红酒淹不死酵母，而且还发酵得很活泼！

我之所以想把红酒倒进面团，是因为我想要做出一款让平常不吃欧式面包的人也会想吃的欧式面包。我想到台湾人喜欢的蜜饯，那酸酸甜甜的滋味很是开胃，经常一颗又一颗地塞入嘴中，吃得上瘾。酸可以刺激味蕾，而甜是人类本能喜欢的味道，如果大面包也能拥有如此特质，肯定可以让人一口又一口吧。大面包的创作任务就是要将欧式面包的"酸酸硬硬"转换成"酸酸甜甜"，变成台湾人熟悉且喜爱的味道。

米开朗基罗说："大卫已经在大理石里了。"当有了蓝图，创作还不算完成，你必须用双手，一刀一刀将"想像"化为"实际"。身为不是天才的我，庆幸自己拥有一把叫"失败"的刀，那每一刀落下都在让我更加深入、更加接近核心。创作初期，我的想法很单纯，就是直接将红酒倒进面团里。这听来很豪迈，但实际上，酒精经过高温挥发，滋味所剩无几，烤出来的面包滋味非常平淡，一点也没有脑海中想像的，如卡通《小当家》中切开叫花子鸡的瞬间香气弥漫全场的张力。

为了找到答案，我四处找食谱、问师傅，西螺义华面包的魏师傅建议我不如试试看将葡萄干泡酒，让食材经过熟成作用，风味或许会更饱满。因此，我尝试用各种酒来泡渍葡萄干，经过无数次试验，最后才找出以红酒、朗姆酒、米酒来泡渍的配方，成功将果干的滋味引出，把酒的香气留在面包里。

前前后后花费了将近7个月时间，我把在法国学回来的鲁邦种技术，加上土法炼钢，还有一点点的痴人做梦，加在一起完成这款很与众不同的大面包。大面包像是我的枕头，是我做梦的开始。

029

My Recipe

大枕头面包
（红酒葡萄面包）

份量：1颗

A 面团

材料

❶前段面团
高筋面粉·····480克
自家培养酵母（小白）120克
水··········143克
红酒········143克

❷后段面团
高筋面粉·····520克
炒熟小麦胚芽··33克
裸麦粉·······17克
鲜酵母·······20克
水·········430克
盐·········20克

❶+❷总重量：1926克

B 馅料

材料

核桃········142克
酒酿葡萄干···321克

<备注> 如果想要面包的风味更加强烈，可以把裸麦粉调整到前段面团一起搅拌发酵。

◆ 做法 ◆

第1天 ◢ 制作前段面团

1. 将前段面团所有材料搅拌均匀后，倒入密闭的容器中。

2. 再把面团放入冰箱冷藏，经过 12 ~ 18 小时低温发酵，即完成前段面团。

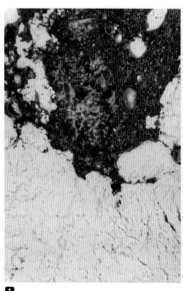

❶

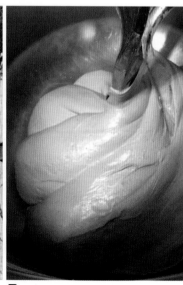

❸

❹

❼

第2天 ◢ 制作主面团

3. 将前段面团取出，与后段面团所有材料（除了盐与核桃和葡萄干）混合均匀，这里要注意倒入的水温度必须在 20℃左右（室温太高则水温低一点，室温太低则水温高一点）当所有材料搅拌均匀之后，续入盐，接着再继续搅拌，直到面团可以拉开呈均匀薄膜状。

➲ 若面团无法拉开成膜，代表搅拌还不够；若面团过塌，过度容易拉开，则代表搅拌过度。搅拌过度的面团，烤出的面包体积会很小，造型不立体，气味也不香。所以搅拌过程务必随时关注面团状态。

4. 待面团状态适当，此时可加入果干混合均匀。在倒入果干之前，可先用温度计测量面团温度，最好将面团温度控制在 25℃左右，不要超过 26℃、低于 24℃。面团温度过低或过高，会使面团无法在预定时间发酵完成，一旦发现温度过高，可将面团擀薄增加表面积后，放入冷藏或冷冻（视情况）降温 3 ~ 5 分钟。面团温度要是过低，可将部分果干烤微热之后再加入。面团的温度虽然可补救，但最好在做法 3 时就做好水温控制。

5. 搅拌完成的面团放入盆内，盖上湿棉布，基本发酵 30 分钟后，接着将面团进行翻面，再发酵 30 分钟。面团翻面的手法各家不同，但堂本的方法是将面团先折三折，接着转 90 度，再对折（轻轻的就好，不要太用力）。

6. 将面团盖上湿棉布或放进发酵箱，在室温下再发酵 30 分钟。

7. 完成发酵的面团可进行分割滚圆。这个配方是形成 2000 克面团，刚好是一整颗大枕头面包的量，如果要烤大面包就无须分割，滚圆即可。如果因为烤箱因素必须做成小份量，可视需求依每份 100 ~ 500 克分割。不过，面团的体积越小，能保留的香气越少，随着烤焙过程香气递减，烤出的面包香气会比较弱。

9

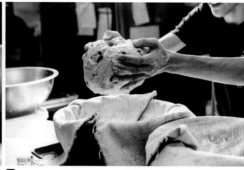

10

11

12

8. 将滚圆的面团覆盖湿棉布或放置发酵箱内，室温下发酵 20 ~ 30 分钟。

9. 取出面团，拍掉大气泡，再重新滚圆。

10. 将帆布铺进钢盆（盘）里，撒上面粉防沾黏，接着放入面团在室温下进行最后发酵大约 50 分钟。

➔ 每个静置发酵的动作，都需要盖上湿棉布或是塑料布，并将面团放在不通风处，切勿放在电风扇或冷气出风口，以免面团表皮干燥，阻碍面团膨胀，那样烤出的面包外皮有如硬壳，不会好吃。
制作法式面包的帆布会因使用次数多而变黑，并不必洗白，使用完后可放烤箱上用余温烘干即可，因为帆布上会附着很多酵母，是香气来源！帆布除非保存不当而发霉才须更换。这些是我的法国老师教的。

11. 进烤箱前，将发酵好的面团放置辐轳架或烤盘上，用刀片在上面划井字或任何喜欢的线条图案，此作用可以让面团内部的压力得到可控制的释放。

12. 烤箱预热至上火 170℃、下火 190℃，面团进炉并喷蒸汽 4 秒，烤焙 60 分钟。（如果使用没有喷蒸汽功能的家用烤箱，烤出的面包体积会略小，但是依然美味。）

Chapter /
experiment

实　验　　红酒葡萄面包
　　　　　Red Wine Bread with Raisins

stories of my bread
咀嚼一颗故事

面包的世界
没有牛顿定律

1999年去巴黎学艺的时候，我看到许多的面包店在柜台的后面墙壁上放了大如枕头的面包，客人要吃多少再切多少，台湾当时除了吐司面包之外，没有看过这样大的面包。这个大面包是很传统的黑麦面包（Le Pain de Seigle），以著名的普瓦兰面包店来说，一个黑麦面包重达1.9公斤。至于会做这么大的原因，是因为面团做越大越能储存面包的香气。

出于对大面包的喜爱，我用天然酵母、红酒、酒渍葡萄干加上法国面粉，做成了这款"改良版"的酒酿葡萄面包。这款大面包是我的自慢①之作，也是扛起堂本招牌的当家花旦。而这块大面包后来在宝春的手里又更加发扬光大，拿下史无前例的面包冠军，也就是后来大家所熟知的酒酿桂圆面包和荔枝玫瑰面包。

宝春几款冠军面包都是脱胎自酒酿葡萄面包，不过各位可曾想过，既然这个面包的原型都是源自法国，那为什么是中国的台湾人得到冠军呢？

• •

这是很有趣的问题，也是我后来想到这个事情觉得很不可思议的部分。酒酿葡萄面包所使用的酵母是鲁邦种，亦是俗称的"老面"，在法国每个面包师傅都知道用鲁邦种，而红酒之于法国人就有如红标米酒之于中国的台湾人一样，两者都是重要而且普遍的食材。当然，法国人也知道要往面团里倒葡萄酒来做面包，但是葡萄酒加鲁邦种酵母菌，对法国人来说，或许是个很特别的组合。

在法国，鲁邦种多半用来制作较单纯的酸面包、裸麦面包或法国长棍，很少会加进葡萄干等材料，更别提加入香气更浓郁的葡萄酒。在中国也一样，举个例子来说，就像台湾人吃刈包②，千篇一律都是包卤三层肉、香菜、花

编者注：
①自慢：自己觉得得意、骄傲的意思。
②刈：音yì，割的意思。刈包是台湾的一款小吃，相当于在馒头上割开一道口子，塞入各种食材而成。"刈包"在闽南语中的读音近似于"挂包"。

Chapter /
experiment

实　验　　红酒葡萄面包
Red Wine Bread with Raisins

stories of my bread
咀嚼一颗故事

生粉，却从来没有人想在刘包里夹香肠、火腿、虾仁，甚至夹入肉饼、生菜、番茄、苹果、芝士等。这就是所谓的"灯下黑"，每个民族都有他们太传统的一部分。

我回想自己读过的所有外文烘焙书，确实法国人很少这样做。还好，面包的世界没有牛顿定律，传统不只是拿来被遵循和敬重，传统也欢迎被打破与创新。替换配方中的某些材料，大面包可以如何不同？我想挑战看看。

红酒葡萄面包完成没多久，宝春为了精进自我，决定投入加州葡萄干协会举办的葡萄干面包大赛。比赛前，他来找我想办法，我想也不想，就推举红酒葡萄面包。我自信满满地跟他说："带这个去，稳赢！"在台湾面包界还很传统的时候，红酒葡萄面包脱颖而出自然不在话下。依循这个架构，宝春又加入自己的想法，延伸出酒酿桂圆面包与荔枝面包，这两款面包到了法国，同样吓死一票外国人。谁还敢说中国台湾人不懂面包？

◆　◆

红酒葡萄面包完成至今好多年了，台湾面包界历经多次改革洗练，整个业界变得丰富多元，不再是以往的局面了。期间当然不乏开了眼界的客人来跟我说："师傅啊，你的大面包跟国外不一样，好像不够正统耶。"

"没错，它虽然不够正统，那你觉得它好不好吃？"我这样反问客人。

"好吃呀！"客人这样回答。

"这样不就好了吗？"我笑眯眯地说。

客人这才恍然大悟，正不正统不是重点，重点是你喜不喜欢它，觉得它好不好吃。

　　饮食喜好是经由长时间累积而成，一下子要去扭转改变，是没有任何意义的。我的策略是先推出大家熟悉的产品，等到客人信任我的手艺之后，再慢慢加入自己的想法，推出比较不一样的产品。我从所谓的台式面包入手，但用的不是酥油或猪油，而是高品质的黄油，加上不同的面团操作，做出"很像"台式面包，却更加美味的面包。等到客人喜欢并爱上这个滋味，才开始穿插一两款欧式面包。

　　店里的面包可提供试吃，我宁可大家因吃了喜欢而买，而不是买回去之后不吃，并愿大家因为这样的做法渐渐改变消费习惯。我认为，与其认为自己在"教育"消费者，好像自己很厉害一样，不如用"分享"的心态来面对，把我们所知道的分享给客人，这样说话的语气是不是就舒服了许多，而客人也比较愿意停下来，听一听你想表达的？

· ·

　　大面包长得实在太可爱了，我除了经常幻想把大面包当成是枕头拿来睡之外，也非常想要把头埋入面包中狂吸那面包中的浓郁芬芳的香味。反倒是客人们比我实际些，他们有的会买去当成郊游的点心，有的会在出差时带去跟国外朋友分享，有的则会在生日或圣诞节买一大颗完整不切的，放在宴会厅中增加欢乐的气氛，而笃信佛教的朋友们也会买来在过年过节拜拜和供佛用。一整颗完整的大面包，在它被打开的瞬间总是让人忍不住"哇"地赞叹，大面包真的带给人许多欢乐呢！

　　至今，我仍然很喜欢这款大面包，这不仅是因为这个大面包是会得冠军的面包，还因为它是能跨越种族藩篱，融合中西文化，甚至让不同宗教信仰的人都能喜欢上的好吃面包。

我的菠萝面包一点也不菠萝。

我想用不同的方法，

做大家熟悉的产品，

让平凡也能变得很深刻。

平凡中
看见深邃的存在

菠萝面包

Melonpan

菠萝面包与牛奶是许多台湾孩子熟悉的经典组合，走进传统面包店里，更是少不了这个基本款。菠萝面包也是在我开店之后，仅次于白吐司的第二重要的商品。菠萝面包看起来虽然很普通，但对我却意义深远。你有没有想过，平凡无奇的每一日，如何变成记忆中精彩的那一天？对我而言，菠萝面包就是这样的存在。

那个叫
イワン・サゴヤン
的家伙……

台式菠萝面包的原型来自日本。日本传统菠萝面包是一种在生面团上放饼干面团一起烘烤而成的面包，因烘烤时顶部的饼干面团受热会裂开形成格子状，看起来很像哈密瓜外皮的纹路，所以被称为哈密瓜面包。不过，无论是日本哈密瓜面包或是中国台湾的菠萝面包，它们既没有包凤梨，也没有包哈密瓜。

据传在1910年，日本大财阀大仓喜八郎特别从满州哈尔滨的新哈尔滨饭店，将亚美尼亚裔面包师傅伊万·萨哥扬（音译，イワン·サゴヤン）挖角到日本帝国饭店。伊万原本是俄国皇室罗曼诺夫王朝的宫廷主厨，精通法国面包与维也纳式面包（即德国面包）的做法，到日本后，他以法式传统点心galette①为基础，融合法、德等国传统面包的许多不同技法与口感，催生了菠萝面包。

台式面包店里的菠萝面包、红豆面包、炸弹面包、奶酥面包等，都是以日式甜面团为基础所发展出来的面包。我想做菠萝面包，但我不要它只是菠萝面包，我想回到伊万当初研制新面包的那种心情，大胆地把实验精神放进去。

因为不想用甜面团来做，我想到法国有一种传统点心"布里欧"（Brioche）所用的面团很像甜面团，但却是加入全蛋、黄油、牛奶来做。不过，由于布里欧面团所含的糖分比菠萝面包少，它发酵起来不像甜面团那么膨，质地也比较松绵，与面包口感有些距离，为此我也做了不少调整。

我除了将面团改用布里欧面团（Brioche Dough）之外，顶部的酥皮则是用沙布列饼干的面团，使用的是AOP②产地认证的发酵黄油，而不像传统酥菠萝用酥油或白油加面粉来做。可以说，我做了一个看起来很像菠萝面包但却不是菠萝面包的产品。这样做当然不是为了搞怪，只是为了找出让菠萝面包加倍好吃的方法。

打从菠萝面包推出以来，直到现在，我都有自信堂本的菠萝面包是无比的美味。有时，我会特地拿菠萝面包招待西方朋友，看他们咬下第一口露出疑惑又惊喜的表情，来自他们家乡的布里欧，竟然从点心变成了面包，这既熟悉又陌生的口感，就好像台湾的刈包被拿去做汉堡一样吧。

不管是做面包还是做料理，虽然站在传统建立的基础上，但不意味着必须受限于传统。传统不代表无法改变，如果没有伊万最开始的神思妙想，把面包与饼干的面团结合在一起，恐怕也不会有今日人见人爱的菠萝面包。

编者注：
①格雷派饼，一种扁平的小型派饼。
②欧洲原产地名控制标志。

Chapter /
experiment

实　验

菠萝面包
Melonpan

My Recipe
洗式面包这样做

菠萝面包

份量：12颗

A 面团

材料

❶ 前段面团

高筋面粉‥‥‥‥210克

自家培养酵母（小白）‥40克

鲜酵母‥‥‥‥‥4克

细砂糖‥‥‥‥‥13克

牛奶‥‥‥‥‥‥70克

蛋黄‥‥‥‥‥‥21克

蛋白‥‥‥‥‥‥42克

❷ 后段面团

高筋面粉‥‥‥‥85克

动物稀奶油‥‥‥14克

奶粉‥‥‥‥‥‥14克

牛奶‥‥‥‥‥‥90克

细砂糖‥‥‥‥‥30克

盐‥‥‥‥‥‥‥3克

海藻糖‥‥‥‥‥15克

发酵黄油‥‥‥‥80克

❶+❷ 总重量：730克

B 菠萝皮

材料

高筋面粉‥‥‥‥150克

发酵黄油‥‥‥‥85克

细砂糖‥‥‥‥‥85克

全蛋‥‥‥‥‥‥1颗

总重量：约320克

<备注> 菠萝面包的面团与肉桂卷的
面团相同，制作时可一并操作。

◆ 做法 ◆

▲ 制作前段面团

1. 将前段面团所有材料混合搅拌均匀。

2. 把面团放入钢盆，盖上湿棉布，放在室温下进行基本发酵至面团膨胀至 2 倍大。需要时间视环境温度而定，大约是 2 小时。

▲ 制作主面团

3. 将前段面团与后段面团的材料（发酵黄油除外）一起加进钢盆搅拌均匀，至面团呈光滑状。黄油太早加进去的话，会使其他材料不易混合均匀，所以分开添加较好。

4. 续入发酵黄油继续搅拌，直到面团呈现光滑状。搅拌时留意测试面团状态，取出一团可拉开呈薄膜状，代表完成。

5. 将上述步骤完成面团取出，放入钢盆中，盖上湿棉布，在室温下再发酵 60 分钟。

6. 将发酵完成的面团取出，依照每份 60 克分割并滚圆。接着将面团排在盘上，盖上湿棉布，放入 5℃冷藏发酵大约 30 分钟。

▲ 制作菠萝皮

7. 趁着面团发酵期间制作菠萝皮。取材料中的细砂糖与黄油，在钢盆内搅拌均匀。

8. 接着分次加入蛋液搅拌，注意蛋液加入速度不能太快，以免油水分离。

9. 待液体均匀后，分次加入面粉搅拌，直到均匀状态，即完成备用。如果发现菠萝皮太硬或太软不好操作，<u>可以酌量增减面粉量。</u>

   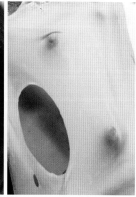

❶　　　❸❶　　　❸❷　　　❹

◤ 整形烤焙

10. 将菠萝皮依每份 30 克分割，然后将菠萝皮滚圆压平，覆盖上面团。

11. 将完成的面包面团排在烤盘上，在室温下进行最后发酵约 2 个小时，或面团膨胀至两倍大。

12. 烤箱预热至 200℃，面团进烤箱时烤箱温度回到上下火 180℃，放入面团烤焙大约 14 ~ 16 分钟即完成。若是使用旋风炉，面团受热更加平均，可使菠萝皮烤得更香；使用旋风炉则设定上下火 170℃左右。

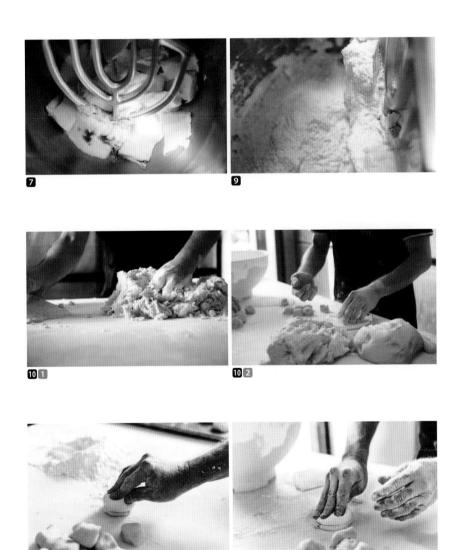

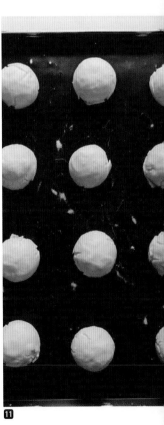

宾士车①的灵感快递

我是知道怎么做菠萝面包的，但这不是我想要的口感，不是我想要的味觉，一切都糟糕透了。

我拿起电话拨给住在西螺的魏大哥求救，"大乀②，我的面包又做坏掉了。"

魏大哥在电话中说："喔，阿捏喔③。"

我说："我的菠萝面包表皮，有的裂得很漂亮，有的很丑。"

魏大哥在电话中说："喔，阿捏喔。"

我再继续说："是不是我把面团搅拌的摩擦系数算错了？冰水到底要多冰？"

魏大哥在电话中说："喔，阿捏喔。"

"我不知道面团温度是不是算错了？要怎么控制品质稳定下来？这些问题该怎么解决……"我滔滔不绝地说着。讲了半天，魏大哥只说了："阿哩但瓦几勒（阿，你等我一下）。"

最后挂了电话，我依旧毫无头绪，只好垂头丧气地整理桌上一团乱七八糟的东西。

编者注：
①即奔驰车，"宾士"系台湾译法。
②闽南语，意：大兄。
③闽南语，意：这样啊。

048

　　刚开店的激情被挫折泼了一桶冷水，我很快就知道做点心过生活和做点心讨生活是两回事。我虽然有满腔沸腾的热血，真的想要做出世界上最好吃的面包，但无论我怎么试，就是跳不过那个关卡。超级玛莉就算开外挂加到99条命，也快被我用到剩下最后一条了。

• •

　　1个小时后，魏大哥打电话来了，我猛然抬起头来看着窗外，一辆快把小巷子塞满的Mercedes Benz① 300的大车停在门口，一抹熟悉的身影从车上走下来，打开后车厢，抱出一袋面粉。那不正是刚刚还在电话里"阿捏喔"的魏大哥吗？

　　魏大哥，本名魏茂祥，他是西螺小镇义华面包店的第二代接班人，我和他是在日本认识的。当时我的店还没开，我报名材料商举办的面包技术研习班，第一次出国开眼界，而魏大哥刚好也是班上同行的中国台湾人，因为是云林同乡的关系，我和魏大哥相处格外融洽，而门外汉又日语不通的我，上专业课程都是靠他罩我，就连回到台湾开店之后，他也经常接我的求救热线。

　　其实，义华面包店在西螺小镇已经开业50几年了，每天都供应便宜又美味的面包。当时的魏大哥已经是大头家了，手底下有很多个面包师傅，每天要处理很多业务，他能拨出空档的时间去日本上课已经让我很惊讶了，面对我三不五时的求教，却仍然二话不说就开着车载着面粉到台中来，教我做一般人认为普通到不行的菠萝面包。他对面包的渊博知识令我倾倒，但他乐于助人的侠义态度却更令我佩服！

　　或许是这样的"身教"，每当有人私下问我怎么做面包的时候，我都会想起魏大哥为我做的一切，也就不吝于分享所知。这个信念影响了我，也使我与吴宝春结成好友，魏大哥教导我的不只是面包而已。

· ·

　　就这样，魏大哥陪我在厨房混了一下午，我们一起动手把大半袋的面粉做完。直到黄昏时，我做出了世界上最好吃的菠萝面包后，魏大哥留下另外一袋面粉就走了。临行前，魏大哥对着兴奋的我说："早点休息，不要累坏了。"留下了一大袋让我练习用的面粉，开着他的大宾士扬长而去。

　　我囫囵吞了两块吐司面包，拿起面粉仔细地重复着魏大哥教的步骤，思考着面粉与酵母菌的秘密关系，思考着面粉的吸水性和熟成的时间问题，思考着不同筋性的面粉不同的特性，在等待发酵的时间，我双眼朦胧地在烤箱旁的椅子上睡去。

　　那天晚上，我梦见魏大哥潇洒来去的背影，好似古代仗剑行义的侠客。实在是太帅气了啊！

　　每次制作菠萝面包，我总会想起那场景：豪华的大宾士后车厢打开，搬下面粉后残留的白印子，豪气万丈的魏大哥，以及笨拙地不知怎么道谢的我……"当！"计时器的铃声将我从记忆拉回来。看着本日出炉的菠萝面包，那完全发酵成功的形状、烤得完美的裂痕，以及丰富的香气……

　　魏大哥，我想再次跟您说一声：谢谢！

联结日常唤醒记忆味

Coffee, tea or me?
泡沫红茶与咖啡馆初盛的年代，
这句朗朗上口的广告词，
以及吧台手摇动雪克杯的模样，
面包何必严肃，搞点台式浪漫又何妨。

伯爵奶茶面包与
红茶葡萄面包

Earl Grey Cream Bun &
Black Tea Bread with Raisins

把奶茶变成面包，虽然很跳脱，却不奇怪，而且还很能被接受。我喜欢用随手可得的食材，做出大家喜爱的熟悉味道，这样的想法可说是我思考面包创作的原点吧。

Chapter / experiment   实 验   伯爵奶茶面包与红茶葡萄面包
Earl Grey Cream Bun & Black
Tea Bread with Raisins   My "Bread" storming
面包，我是这样想的……

雪克杯摇出的缪思

在我当学徒的那个年代，面包店所用的食材不外乎是火腿、玉米、肉松或奶酥，代代相传的调味用的是瓶瓶罐罐的香精；至于，世界各地盛产的丰富香料食材，却是与面包八竿子打不着。面包就是面包，不与其他料理多做联想，在我看来这是非常奇怪的。

伯爵奶茶面包与红茶葡萄面包是我在十几年前研发的产品，在当时算是有一点创新的产品。我到日本习艺时，很喜欢黄油面包使用软法面团配上奶油馅的口感，不过我又觉得单这样搭配，层次有点太单调，因而一直想再多赋予些什么。我希望在台湾人的日常生活中寻找可以联结的元素，当时台中老式咖啡馆与泡沫红茶店大流行的调饮给了我灵感，使我完成了这两款以"茶"风味为基底的面包。

我观察到，咖啡馆里不喝咖啡的人最爱点伯爵奶茶，而平常奶茶也是人人喜爱的饮料，几乎每一家泡沫红茶店都有推出珍珠奶茶，甚至还有添加布丁的布丁奶茶、咖啡冻奶茶等。

伯爵茶是红茶跟佛手柑一起焙制的茶，独特且浓烈的香气很适合加进面包，我想到若是把茶放进面团里，再搭上奶油馅，吃起来会不会很像奶茶？

一开始，我将茶叶泡开来取代水来做面团，不过面包夹杂着茶叶的口感实在不佳，后来我便将茶叶滤出，只取用茶汤，希望让整体口感可以更加干净。不过，只取茶汤的话又过犹不及，滋味实在太过清淡透明，无法展现伯爵茶的魅力。折中之后，我决定将茶叶打成细粉揉进面团里。

在反反复复研究的几个月里，我为了把茶叶研磨到足够的细度，还去找做咖啡的朋友，向他们买了一台专业磨豆机，在一次又一次的冲茶试茶中，摸索出应该添加的分量与适当的萃取时间，从面团的底蕴到面包组织本身，赋予了前中后段不同层次的茶味，才完成理想中的茶面包。随之衍生的红茶葡萄面包，单纯只是用加了茶的面团与泡了朗姆酒的葡萄干一起做成，但是酒体经过烘烤所散逸的甜香，以及果干受热焦糖化的厚韵，却增强了伯爵茶的气息，滋味也相当美妙。

一道料理要通过时代考验，长存在人类的味蕾记忆，最好的创意就是取自于周遭，手摇饮料给了我灵感，帮助我完成了这两款茶面包，也再次回顾了身为台湾人的日常味。

Chapter / experiment

实 验

伯爵奶茶面包与红茶葡萄面包
Earl Grey Cream Bun & Black
Tea Bread with Raisins

My Recipe

洗式面包这样做

My Recipe

伯爵奶茶面包

份量：22颗

A
面团

材料

高筋面粉·····500克
即发干酵母···5克
奶粉·······30克
自家培养酵母（小白）··50克
红茶粉·······6克
水·········247克
滚水·······100克
细砂糖·······75克
盐·········5克
发酵黄油·····50克
总重量：1068克

B
奶油馅

材料

发酵黄油·····287克
糖粉·······21克
炼乳·······115克
白葡萄酒·····19克
总重量：442克

057

Chapter / experiment

实 验

伯爵奶茶面包与红茶葡萄面包
Earl Grey Cream Bun & Black
Tea Bread with Raisins

My Recipe
洗式面包这样做

◆ 做法 ◆

◢ 制作主面团

1. 将伯爵红茶茶叶用滚水冲开，不滤出放凉，让茶汤产生涩味。涩味在面团中经过发酵与烘焙之后，味道会转化产生更具厚度的口感。

2. 将面团所有材料（发酵黄油除外）混合搅拌均匀，直到面团呈光滑。

3. 续入发酵黄油，继续搅拌面团。搅拌时留意测试面团状态，取出一团可拉开呈薄膜状，代表完成。

4. 将面团放入钢盆，盖上湿棉布，基本发酵约 1 小时。

5. 取出面团依每份 50 克分割，拉成长形。

6. 将面团排入烤盘，盖上湿棉布，放置室温下再发酵 30 分钟。

3

5 1

5 2

5 3

◣ 整形烤焙

7. 取出面团进行整形，将面团搓成长条形，约 25 厘米长。

8. 将面团排在烤盘上，待面团膨胀至 1 倍大，约需 40 ~ 50 分钟。

➔ 长时间发酵要注意保持面团湿润，除了盖湿布，也可放在发酵箱内，或些微喷水，可视手边工具或状况来操作。

9. 烤箱预热至 230℃，进炉前温度设定为上火 230℃、下火 190℃，烤约 7 分钟即可出炉。

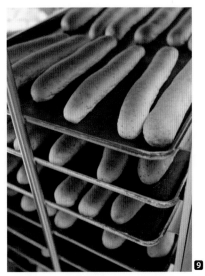

◣ 制作奶油馅

10. 面包烤焙完成，等待放凉期间可制作奶油馅。

11. 将奶油馅所有材料混合均匀，用搅拌机打发，至呈现光滑柔顺状态。

12. 将奶油馅填入挤花袋备用。

13. 待面包放凉之后，用面包刀划开中间，挤入奶油馅即完成。

Chapter /
experiment

实　验

伯爵奶茶面包与红茶葡萄面包
Earl Grey Cream Bun & Black
Tea Bread with Raisins

My Recipe
洸式面包这样做

My Recipe

红茶葡萄面包

份量：7颗

A
馅料

材料

葡萄干·······268克
水·········适量
总重量：＞268克

B
面团

材料

高筋面粉·····500克
即发干酵母···5克
奶粉·······30克
天然菌种·····50克
红茶粉·····7克
水········247克
滚水·······100克
细砂糖·····75克
盐········5克
发酵黄油·····50克
总重量：1069克

◆ 做法 ◆

◢ 制作馅料

1. 取锅烧水，水开后关火，将葡萄干放入，浸泡约 30 秒，捞起沥干，放凉即可备用。

➔ 泡过葡萄干的水也可收集起来，放凉了可以当成配方中的水分使用，可增加面包风味。

◢ 制作主面团

2. 将伯爵红茶茶叶用滚水冲开，不滤出放凉，让茶汤产生涩味。涩味在面团中经过发酵与烘焙之后，味道会转化产生更具厚度的茶味。

3. 将面团所有材料（发酵黄油除外）混合搅拌均匀，直到面团呈光滑。

4. 续入发酵黄油，继续搅拌面团。搅拌时留意测试面团状态，取出一团可拉开呈薄膜状，代表完成。

5. 加入泡水葡萄干，搅拌均匀。留意面团温度控制在 25℃左右，不要超过 26℃，不要低于 24℃。

6. 将面团放入钢盆，盖上湿棉布，基本发酵约 1 小时。

7. 取出面团依每份 150 克分割，并滚圆。

8. 将面团排入烤盘，盖上湿棉布，放置室温下再发酵 30 分钟。

4　　　　　　**5**　　　　　　**7**

◢ 整形烤焙

9. 取出面团进行整形，将面团搓揉成棍子形，约 17 厘米。接着用剪刀在面团上平均剪 7 刀做花纹。注意别剪太深，面团会断掉。

10. 将面团排在烤盘上，最后发酵，待面团膨胀至 2 倍大，约需 40 ~ 50 分钟。

11. 烤箱预热至 230℃，进炉前温度设定为上火 220℃、下火 170℃，烤约 10 分钟即可出炉。

9️⃣1️⃣　　9️⃣2️⃣

9️⃣3️⃣　　9️⃣4️⃣

🔟　　1️⃣1️⃣

Chapter /
experiment

实　验

伯爵奶茶面包与红茶葡萄面包
Earl Grey Cream Bun & Black
Tea Bread with Raisins

stories of my bread

咀嚼一颗故事

告诉我，你用什么改良剂？

出完最后一盘面包，擦擦身上的汗，阿香说"那个业务员"又来找我，已经等了一阵子。

这位业务员是材料商聘请的员工，最主要的工作就是拜访大大小小面包店，上门介绍推销自家产品。他见我走出厨房，便立即从包里拿出商品型录，热切向我说明最新的改良剂和预拌粉的强大功能。

他说得理所当然，却让我听得满头雾水。

我是素人出身的面包师，只有参加过职训局的训练，通过丙级检定考试后，当了半年的短暂学徒，就自己出来开面包店了。

因为没有相关背景，一般面包店向材料商叫货的"传统"，我自然也没有继承下来；实际上我的店小、量少也不好叫货，所以一直以来我用的食材，大多也都是自己东一家西一家找来，自认为喜欢、好用、有品质的产品。像这样有材料商登门造访，还是头一遭。

• •

这名业务员见我一愣一愣，他更是铆足劲滔滔不绝。他说，他们公司销售面包改良剂、益面剂调、调整剂、预拌粉、蓬松剂、乳化剂、安定剂、色素，还有各种口味的香精。"这些东西可以让你在做面包的过程，用更少的面粉，更容易塑形，成本更低！"他简直要拍胸脯挂保证了。

"不然这样，我先送一包给你试试看吧。"这个业务员仔细教我怎么操作，他说只要使用他们公司的预拌粉，不管大师傅小师傅有经验没有经验的，只要面包塑形方面练习好，做起来的成品都不会差很多。"大量进货的话还可以月结喔，随时叫货很快就能送到店里！"怎么样，试试看吧？

天气闷热，夏天的午后空气潮湿，一种大雨欲来的势头，让我的头有点痛。

我倒了一杯水给他，客气地问："请问这包粉的成分是什么？"

他毫不犹豫地回答："这是我们公司的秘密配方耶。"

我说："我是说没有提供成分说明吗？"

他说："有啦，不过我记不住那么多，这个真的很好用喔。"

我说："那你给我看一下成分说明好了。"

• •

他拿出一张纸，上面写着的一长串英文字母里夹杂了几个中文：乳化剂、分解酵素、氧化酵素。

我把纸还给他："我看不懂里面的成分。"

"这些成分可以让你的面包放一个星期都不会坏掉，而且吃起来口感都还很柔软不会发霉。"

我继续问："所以你会拿放了一个礼拜都没有发霉、没有走味和变硬的面包给你家人吃吗？然后跟他说这个超赞的？"

他愣了下，但立即话锋一转："欸，老板话不是这样说……现在面粉一直在涨价，面包的价格又不好涨价，所以大家都在想办法节省成本，才不会一不小心就亏损，我们公司协助辅导很多面包店，你放心啦。"

"那你们公司怎么辅导面包店，怎么帮我们节省成本？"我非常好奇。

Chapter /
experiment

实 验

伯爵奶茶面包与红茶葡萄面包
Earl Grey Cream Bun & Black
Tea Bread with Raisins

stories of my bread

咀嚼一颗故事

他说："如果跟我们订预拌粉和改良剂来做面包，成本就可以比较便宜。你知道现在师傅和学徒都很难请，我们知道你们这种店经营的困难，所以我们公司也有中央工厂可以帮你们做客制化配方，你只要加水搅拌可好，也不用绞尽脑汁，万一帮手跑掉了，你自己还要做得半死，像被鬼打到一样。"

◆ ◆

"哎呀！自从便利商店开始卖面包之后，面包店的经营风险又增加不少，哪家店的师傅临时出状况，那家店就得开天窗，跟你说有家店的老板还累到中风呢……"我听着他发表面包店经营术，终于忍不住问："那你自己喜欢吃这种加了一堆化学成分的面包吗？"

他回答："我是建议添加2%以下啦，这样还是可以吃，只是不要太常吃。"

我问："可是我天天都吃自己做的面包耶。"

他说："你要站在经营考量啦，你自己要吃的不要放就好了啊。"

我说："可是如果卖不了那么多面包，少做一点不就好了，这样成本不就会降低？"

他说："你要不要试试看再说？那一家名店也是用我们的粉，生意也很好喔。"

我摇摇头："不要。"我很抱歉要拒绝他。

我说："你要不要吃看看我做的面包？"我拿出了一个红茶葡萄面包给他，自己也拿一个，先开始吃了起来。

我说："你吃看看啊！"

他勉为其难咬了一口，然后又一口，再一口，再一口，最后一口。

他瞪大了眼睛，问道："你这是加了什么东西做的？"

我回答："高筋面粉、伯爵红茶、葡萄干、黄油、糖、盐……"

他挥挥手说："嗳，跟我说是加了哪一家的改良剂啦！"

我说："我没有用改良剂耶，改良剂要钱捏……"

他很惊讶："怎么可能？"

我耸耸肩。

⬩ ⬩

我想到刚开始学做面包的时候，忘了是在哪一本书上面看到这样一段话：身为一个制作食物的人，要切记我们所做出来的食物，客人吃了会成为身体的一部分，客人基于信赖而来，我们与客人的联结不只是金钱交易的关系，而是一种深层情感的互换。

曾经有一位当医生的常客来堂本买面包，他跟我说他的小孩快满一岁了。"堂本的面包是他想给孩子吃的第一口大人的食物。"我想起这件事，转头跟这位业务先生说："古人不用这些也可以做面包，为什么我要用？"

他说："啊，就经营成本啊，不赚钱的生意有谁做？"

我心想："可是，客人要活着才会来付钱给我们，死掉的不会啊。"

我实在不擅长拒绝，只好沉默以对。"我今天很累，改天再请你吃面包了。"

他不死心追问："你真的没有加那些东西吗？"

我问他："你觉得我这样做出来的面包不好吃吗？"

"其实我没有吃过这么好吃的面包。"他坦白说："我要我女儿不可以买面包吃。"

我有些惊讶："是喔，我还有很多款面包很好吃喔。"

他说："那以后我来买你做的面包。"

叮铃铃，客人推门进来，风也跟着趁隙溜进店里。仿佛一扫先前的湿热与阴霾，这一场面包论坛看来是不辩自明。很荣幸与你互换情感，我的初衷，我的坚持，我知道你也懂了。

我露出微笑。谢谢你！

做马卡龙就像学脚踏车，
在还没学会之前，
尽管不停地跌倒吧！
在永无止尽反复失败的某一天，
你突然就发现，自己会了。

通往甜点殿堂的试炼

马卡龙

Macaron

马卡龙的世界流传许多听说、传说，和人家说，这里头有些是执着，有些是信仰，也有些是因为某一次的碰巧，而演变成不可撼动的规则。关于薄脆纤细的饼壳，或是微妙起伏的波浪小裙摆，他们说那技术如何困难，他们又说那材料如何不凡。在我的认知里，凡是被誉为神话的事物，意味着里头藏有许多学问。在我通往甜点殿堂的途中，马卡龙就是综合技术与风味、感性与理性的最终试炼。

Chapter /
experiment

实　验

马卡龙
Macaron

My "Dessert" storming
甜点，我是这样想的……

一场饼与馅的对手戏

马卡龙（Macaron）又称法式小圆饼，是一种以蛋白脆饼为基础的法式甜点，这种甜点的主要材料很简单，不外乎是蛋白、糖粉、杏仁粉或杏仁霜等制成饼壳，夹上各种甘纳许馅料而已。关于马卡龙的制作技术，坊间流传许多神话，但马卡龙究竟是什么？很多人说不清也讲不明。

马卡龙的材料不复杂，手法才是关键，但是究竟什么是手法？我想那绝非是算好材料克数、烘焙温度，或是搞懂每个步骤的秒数，就能保障100%成功。如何掌握手法，我认为除了埋头苦练之外，偶尔还是需要抬起头来，用科学的脑袋想一想。

马卡龙的饼壳，说穿了，不过是一种物理现象。马卡龙饼壳要完美膨起，在边缘形成波浪裙摆，是因为烤焙的热源顺序所造成，必须要先烘烤饼壳表面，直到外层具有足够硬度时，才接着将热源往下移。当表壳成型之后，内在的面糊才开始受热，膨胀的压力无处可走，最后从接缝处涌出，就像火山喷发那样，在地表形成的褶皱，就是马卡龙的小裙摆。

当你明白马卡龙的世界是如何运行，就能从星球的模样反推宇宙是如何大爆炸，而每一次的失败都透露出许多讯息，引导你抵达终点。

马卡龙的饼壳固然是挑战，但我认为美味的关键，最终来自饼壳与内馅的搭配。马卡龙的饼壳之所以迷人，是因为它浑身散发浓郁的香气，而这股气味却经常抢去内馅的风采。像一位过分美艳的女主角，让绿叶之质的男主角变成鲜花底下的牛粪。

我曾经开发过的马卡龙内馅多达60～70种，但截至目前，亚森洋果子真正上市贩售的却只有20种左右。有些内馅试吃阶段很完美（完美到觉得自己怎会这么厉害），但是夹进饼壳一吃，所有惊艳黯然失色，马上就被挑剔的舌头打枪。

虽然，不见得每种馅料都适合马卡龙，但这些第二顺位、第三顺位的男配角们，后来却在其他甜点或面包上找到属于自己的女主角。所以，我从来不认为"研发"是只有大企业才能做的事，一家小店也能找到属于自己的研发模式，而那正是丰富一家面包店的独门秘诀。

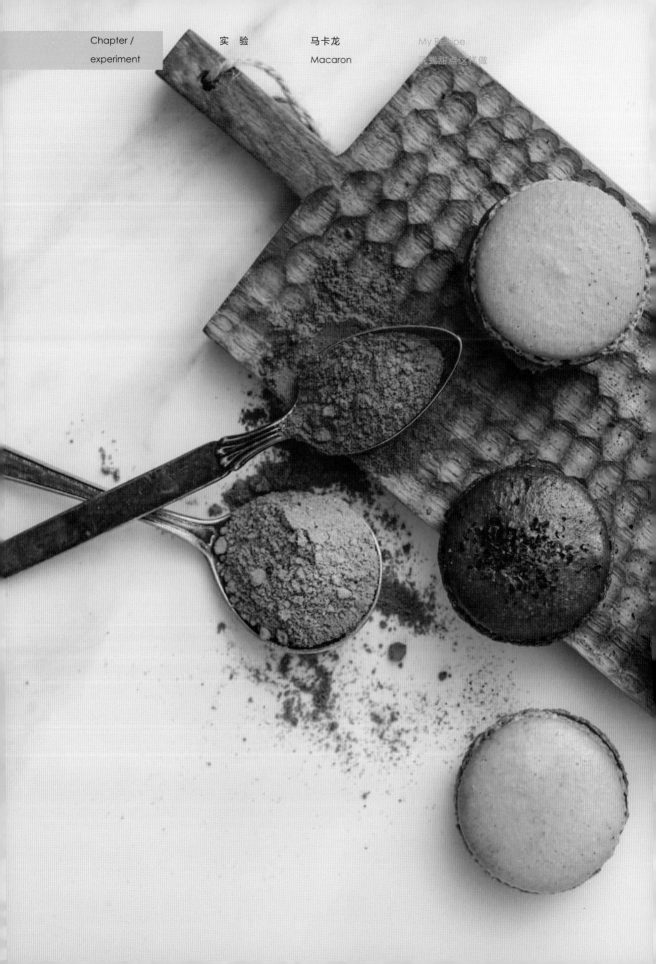

Chapter /
experiment

实 验 马卡龙
Macaron

My Recipe
法式甜点这样做

马卡龙三重奏

1. 鱼池红茶巧克力马卡龙
2. 咸蛋黄马卡龙
3. 甘草芭乐马卡龙

Chapter /
experiment

实 验

马卡龙
Macaron

My Recipe
洗式甜点这样做

份量：约40颗

材料

❶黄色马卡龙壳

水 · · · · · · · · 50克
细砂糖 · · · · · · 264克
杏仁粉 · · · · · · 264克
糖粉 · · · · · · · 264克
盐 · · · · · · · · 1.5克
蛋白① · · · · · · 90克
蛋白② · · · · · · 100克
蛋白干燥粉 · · · 2克
黄色色粉 · · · · 少许
红色色粉 · · · · 少许

❷巧克力马卡龙壳

水 · · · · · · · · 50克
细砂糖 · · · · · · 264克
杏仁粉 · · · · · · 264克
糖粉 · · · · · · · 264克
盐 · · · · · · · · 1.5克
蛋白① · · · · · · 90克
蛋白② · · · · · · 100克
蛋白干燥粉 · · · 2克
红色色粉 · · · · 少许
可可粉 · · · · · 27克
鱼池红茶①（表面用）· · · 少许

❸绿色马卡龙壳

水 · · · · · · · · 50克
细砂糖 · · · · · · 264克
杏仁粉 · · · · · · 264克
糖粉 · · · · · · · 264克
盐 · · · · · · · · 1.5克
蛋白① · · · · · · 90克
蛋白② · · · · · · 100克
蛋白干燥粉 · · · 2克
黄色色粉 · · · · 少许
蓝色色粉 · · · · 少许

❹白色马卡龙壳

水 · · · · · · · · 50克
细砂糖 · · · · · · 264克
杏仁粉 · · · · · · 264克
糖粉 · · · · · · · 264克
盐 · · · · · · · · 1.5克
蛋白① · · · · · · 90克
蛋白② · · · · · · 100克
蛋白干燥粉 · · · 2克

<备注>

如果不想放色粉，可以全部都做成白色。除了巧克力壳推荐搭配红茶巧克力内馅，其他的饼壳读者可以自由组装内馅。

编者注：①"鱼池红茶"是台湾南投县鱼池乡产出的红茶。鱼池乡的土壤与气候条件和印度阿萨姆省相近。

◆ 饼壳做法 ◆

以巧克力马卡龙壳
为示范

❶

1. 杏仁粉、糖粉、色粉、盐与蛋白①搅拌均匀。

2. 将水、细砂糖加热煮至 118℃，加入打发的蛋白②制成意式蛋白霜。

3. 将意式蛋白霜装盛在 110ml 的宽口杯里，测量面糊重量，应为 40 ～ 43 克，通过此重量可以得知面糊的组织与发泡状况。不过，这个数值是适合亚森洋果子的，每个环境下可制作成功的重量值不同，这必须由经验累积来得出结果。

4. 将做法 1 与做法 2 的材料混合搅拌均匀，放入挤花袋。

5. 烤盘铺上烤盘纸，用挤花袋挤出直径约 3.8 厘米的圆形。

6. 水平托起烤盘，轻拍烤盘底部，使面糊稍微摊开。

7. 室温下静置 30 ～ 60 分钟或更久，到表面干燥结皮。

❷❶

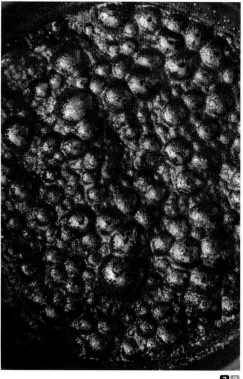

❷❷

8.烤箱设定 155℃（这里建议使用旋风式烤箱），预热过后放入生坯烤焙约 15 分钟。

9.出炉后待饼壳放凉，挤上馅料（内馅做法请参照 080 页），盖上饼壳就大功告成了。注意饼壳最好事先挑选，将大小一致的两两配对。

➡面糊中气泡含量的多寡关系着马卡龙的美型。气泡多，面糊太软，边缘容易暴冲，就会做出飞碟状的马卡龙；气泡太少，面糊太硬，边缘挤压效果不彰，马卡龙的裙摆就不会飞扬。当遇到成品失败时，可以从现象反推面糊制作时的消泡动作是否过与不及。

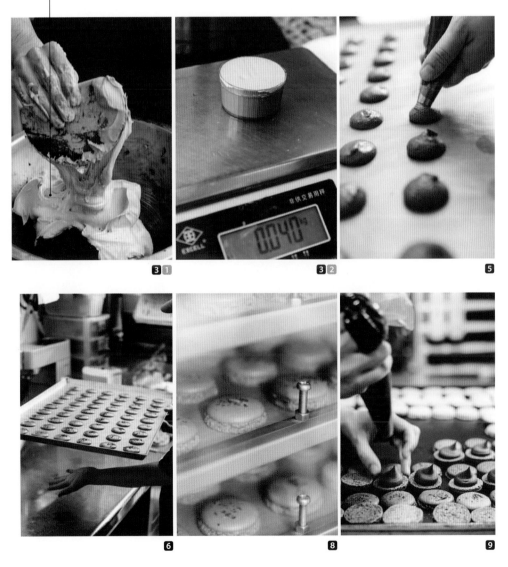

Chapter /
experiment

实　验

马卡龙
Macaron

My Recipe
洗式甜点这样做

Chapter /
experiment

实 验

马卡龙
Macaron

My Recipe

洗式甜点这样做

材料

奶油霜
发酵黄油①······25克
细砂糖······40克
水······25克
蛋黄······75克
蛋白······45克
发酵黄油②···225克

咸蛋黄内馅
杏仁膏······90克
奶油霜······125克
咸蛋黄······175克

4

5

◆ 馅料做法 ◆

◢ 制作奶油霜

1. 将发酵黄油①用小火煮熔后，将细砂糖、水、蛋黄、蛋白加入搅拌均匀。

2. 隔水加热煮至80℃后用均质机均质，再用搅拌机打凉。

3. 将发酵黄油②打软后，把做法1材料分次加入，搅拌均匀即可备用。

◢ 其余制作

4. 杏仁膏用调理机打碎。

5. 续入前面做好的奶油霜及咸蛋黄，用调理机拌匀即可。

材料

鱼池红茶巧克力内馅
鱼池红茶······72克
水······214克
动物稀奶油······450克
透明麦芽糖······53克
L'Opera巧克力① 62%···282克
Cacao Barry巧克力②63%···113克
发酵黄油······60克

◆ 馅料做法 ◆

◢ 煮茶叶

1. 鱼池红茶加水炒过（炒到剩少许水分），使茶叶舒展开来，加入稀奶油浸泡至隔夜。

◢ 其余制作

2. 将做法1材料加热煮至稀奶油熔化，将茶叶滤出，留下茶汤。

编者注：
①大歌剧院巧克力，法国产，该品牌以提供高端单一产地纯巧克力而闻名。
②可可百利巧克力，法国产。

材料 **甘草芭乐内馅**

芭乐果泥①················263克
黄糖····················75克
红糖····················75克
芭乐果泥②················38克
玉米粉··················33克
发酵黄油················165克
Cacao Barry白巧克力28%··150克
甘草粉···················1克
辣椒粉················1.5～3克

• 馅料做法 •

1. 将芭乐果泥①、黄糖、红糖煮至滚（大约80℃）。

2. 芭乐果泥②、玉米粉搅拌均匀，加入步骤1材料，加热煮至滚。

3. 把做法2材料倒入白巧克力，加热搅拌熔化，降温至36～38℃。

4. 将做法3材料加入甘草粉、辣椒粉搅拌均匀。

5. 再将做法4加入发酵黄油搅拌均匀。（使用均质机搅拌，更容易达到光滑表面）

6. 完成材料入盘冷藏，即可备用。

❸　❹　❻

❶　❷　❹　❹　❻

3. 将液体称重，以稀奶油补足至450克（茶叶吸收水分后被滤掉，会带走较多重量），而后加入透明麦芽糖，加热煮至80℃。

4. 把做法3材料冲入巧克力，搅拌均匀后，降温至36～38℃（图中置于冰块上降温）。

5. 倒入发酵黄油，搅拌均匀，或是用均质机打至光滑也可。

6. 将馅料倒入烤盘中平均铺平，冷藏备用。

马卡龙的单车相对理论

十几年前，我还是个初创业的毛头小子，没有太多余裕出国，只能在有限的生活圈，尽可能伸展触角，了解饮食的各方面。虽是独自创业，但我很庆幸身边有一群热衷的同好，他们不时捎来的"国际消息"，让我也耳闻了外面世界的精彩。

几位朋友知道我对甜点感兴趣，纷纷告诉我有关马卡龙的所有一切伟大传说，甚至有好心人趁着出国顺便买些给我品尝。说实在，当时台湾人对马卡龙的认识不多，娇贵的马卡龙在保存不佳的情况下，经过长途运输的颠簸摇晃，等到吃进嘴里的时候，所有仙气早已散去，只尝到一块干硬的饼。坦白说，马卡龙好吃在哪，当时的我一点也不明白。

我真正开始认识马卡龙，是在一次参加日本见学旅行，到有"马卡龙之神"称号的甜点大师Pierre Hermé（皮耶·艾曼）所开的分店，当我直接品尝新鲜的马卡龙时，一直以来对马卡龙的坏印象立刻崩毁。这才明白，美味的马卡龙是可以让人一颗接一颗吃的。

• •

难忘咬下第一口的瞬间，轻盈如雪花的酥、软，这简直是永远不嫌腻的美味。开了甜点店之后，马卡龙自然成为我的目标，不，应该说，Pierre Hermé的马卡龙才是我的终极目标。就像奥运体操竞赛，动作难度可区别为A～G不同等级，而每一个上场的选手无不以挑战最高难度的G级为目标。身为一个烘焙师傅，我也怀抱着运动家的大无畏精神，向最难的项目下战帖。

堂本面包店经营的第4年，身为业界菜鸟也能开店成功，让我心生无比自信，再加上我对食物的热爱溢出了面包领域，让我决定再开一间甜点店"亚森洋果子"。亚森洋果子的店名与堂本面包店毫无关系，我刻意让它不沾任何光环，因为我想把它丢到消费者群里盲测，试试自己真正的实力到哪里。

幻想总是美丽，现实却很残酷。亚森洋果子一开始并不成功，伴随着新开店的挫折，马卡龙研发失败接二连三，上天把我丢回失败的老路上，让我从起点开始龟速前进……

Chapter /
experiment

实　验　　　马卡龙
　　　　　　Macaron

stories of my dessert
咀嚼一颗故事

研发马卡龙过程遭遇的失败难以计算，要价不菲的杏仁粉一箱箱叫货，最后变成失败的饼壳一盘盘倒掉，幻灭的马卡龙全都进了黑色大垃圾袋。

是杏仁粉受潮了吗？还是材料不够纯？是配方不对吗？还是手法哪里错了？这些问题纠结在我的脑里，我日也思、夜也想，还是百思不得其解。

有一回，材料商邀请一位曾在Pierre Hermé工作过的法国甜点师傅来客座，我仿佛是溺水的人抓到一丝芦苇，厚着脸皮问厂商能不能在备料的时候去请教法国师傅。很幸运地，这位法国师傅不仅接受我的请求，还好心地同意我"记录"他的手法。

说来不夸张，我真的把在日本学到的科学烘焙方法都用上，祭出摄影机、码表、温度计等一切可想到的测量仪器。我心想，用同样的机器、同样的配方、同样的秒数，甚至跟着影片里的动作依样画葫芦，这总不会出错了吧？

可是，我终究还是失败了。

我问这位法国师傅，我的马卡龙为何不成功。他只是给我一抹神秘的微笑，和一句很法式的回答："马卡龙有很多、很多、很多的问题。"

现在回想起来，当时的我忘记了马卡龙之神是浪漫派的法国人啊！以武士精神这样一板一眼的，怎么可能吸引祂垂目，向我投以胜利的微笑呢。

Chapter /
experiment
实 验
马卡龙
Macaron
stories of my dessert
咀嚼一颗故事

• • • • • • • • • • •

燃烧了无数资本之后，我沉心静气思考究竟哪里犯了错。

我回头比对几位甜点大师的配方，发现全世界的马卡龙配方都大同小异，那会不会是材料用错了？但一盘马卡龙总有几颗是成功的，如果材料根本就出错的话，应该会是整批失败才对。既然不是配方的问题，也不是材料的问题，那问题就出在"我"啰？

说来有点荒谬，为了制作马卡龙，我不知拜读过多少本大师食谱，但这些伟大著作终究没能解决我的小小问题，而最后这些问题的解答，却是我在一本写给家庭主妇的烘焙书上找到。

可能甜点大师觉得比起谈创新，马卡龙不过是基础之作，手法上便不特别琢磨；相反地，写给主妇们的烘焙书为了让人们用家庭烤箱也能成功烤出马卡龙，每个步骤与环节都极尽仔细，生怕初学读者一不小心失败，浪费太多珍贵的材料。靠着这几本书，我仿佛就在妈妈的牵引下牙牙学语，重新踩出步伐。"如果家庭主妇们看书都能做得出来，那么专业师傅没有理由学不会吧？"赌上一口气，我绝对要挑战成功。

• •

回顾现在已经成功的马卡龙，我真心要说，马卡龙没有那么神话，也没有那么困难。常闻业界人士说，制作马卡龙非得用专用糖粉与专用杏仁粉不可，任何添加都会致使纯度不足，做不了口感滋味正统的马卡龙。

这说法乍听颇有道理，但仔细想想，各大名家的马卡龙不也有可可粉、抹茶粉、可可糕、榛果粉等各种添加，才能变化出如此多重的口味吗？而这些添加不也影响了专用粉的"纯度"？但大师们所制作出来的马卡龙，谁能说那不够正统？

在研究马卡龙的过程，只要一有机会出国，我与太太二话不说就是直冲Pierre Hermé大肆采购。说来不夸张，有阵子工作室的冰箱随时保持上百颗马卡龙的库存，这不仅是为了让自己每天吃记住那种口感，也是为了随时与自己做的比较，确认自己距离神还有几步距离。在味蕾的锻炼过程中，我同时也理解到马卡龙有无数种可能。

我想，学习马卡龙就像学骑脚踏车吧。在你还没学会骑车之前，怎么踩都会跌倒；可一旦你学会了，上路前就算没有先测风向、算距离，或是画路线，一样可以骑得完美地好，还可以放手，吹口哨。当然还是一定要感谢法米甜点的嘉敏，把她在法国Pierre Hermé马卡龙学校上课的讲义人方与我分享。

理想中的灵魂食物

我心目中理想的肉桂卷，应该是有益灵魂的食物。你不管在任何时刻享用，都要能立即感受到满满温暖；这才是肉桂卷存在世界的目的。

肉桂卷

Cinnamon Roll

从面包走进甜点的世界，看似完美诱人的外表底下，我仍然只是一颗普通寻常的肉桂卷，这其中还必须经过无数次的推翻与一再的改良。苦难让浅薄变得厚实，正如一切淬炼，都是为了让肉桂的香变得更加深刻。

满足与平衡的练习曲

说起黑咖啡，最先联想到肉桂卷，这两者的连结强烈，一直是深受喜爱的组合。台中Bafa Café的老板吴若宜很喜欢堂本的肉桂卷，她总是将肉桂卷烤热了，切成四等份，装在古早碗里端着给客人，这吃法台味十足，却不违和。

最早堂本并没有供应肉桂卷，在我的观念里，肉桂卷与其说是面包，不如说更像是甜点，原本不打算做肉桂卷的我，却因为不敢嗜好咖啡的客人长期要求，只好将肉桂卷排入长长的开发清单。可是，我又很不甘愿要做普通的肉桂卷。

在"我的"肉桂卷还没成形前，我四处吃了许多肉桂卷，也尝过许多传说中的名店之作。可是美式标准肉桂卷就是面团卷入肉桂糖，烤熟了之后再淋上糖霜，而这样的面包嚼起来干干的，吃完后有点儿空虚，总觉得还少了些什么。我心目中理想的肉桂卷，不管是冷的吃，还是热的吃，应该是一口咬下感觉很满足、很温暖才对。

为了创造肉桂与面包之间多一点点的"联结"，我改变一般美式面包的做法，加入了焦糖苹果与酒渍葡萄干，增加了馅料的层次，使味道更饱满有厚度。在面团部分，我使用义华面包魏大哥教我的布里欧面团（Brioche Dough）取代传统美式面包面团，由于布里欧面团加入了鸡蛋跟黄油，整体风味类似磅蛋糕，增加了基底的风味。

不过，光是这样的组合仍然让我觉得"没Fu[1]"，后来我想到前阵子试做的坚果焦糖牛奶糖，如果能放在肉桂卷的上头，烤到熔化与糖霜混合的话，那滋味应该颇为不错。

就在一次又一次的调整中，这一颗肉桂卷大约花了整年时间研发，而那里头的馅料也越来越丰富，甚至为了让糖霜不只有死甜，西点主厨还特别混合了些许奶油奶酪。关于甜的表现，我认为那是满足与平衡的练习曲。

090

编者注：①Fu就是感觉的意思，读音按英文字母。

My Recipe

苹果焦糖
肉桂卷

份量：
约20颗

A
面团 +
烤制

材料

❶前段面团

高筋面粉······403克
自家培养酵母（小白）··74克
鲜酵母······7克
细砂糖······27克
牛奶······134克
蛋黄······42克
蛋白······82克

❶+❷总重量：1403克

❸其他

蛋液············些许
盐之花海盐······一点点

❷后段面团

高筋面粉······165克
动物稀奶油······27克
发酵黄油······27克
牛奶······168克
细砂糖······59克
盐······7克
海藻糖······28克
黄油······153克

<备注> 菠萝面包的面团与肉桂卷
的面团相同，制作时可一并操作。

◆ **做法** ◆

1. 将前段面团所有材料搅拌均匀，至看不到干粉就好。

2. 放入钢盆中盖上湿棉布，基本发酵至2倍大，约3小时。

3. 再将前段面团和后段面团的所有材料（除发酵黄油与黄油外）
拌匀。

➔ 加入前段面团的方式，不要把面团扯碎切断丢入，这样会将面团里面蕴含的
香气提早散逸。最好的加入方式，事先将液体材料称好倒入搅拌盆，接着才放
入完整的前段面团，接着覆盖上其他称好的材料与面粉，然后才开始搅拌，这
是法国老师很坚持的做法，所有使用中种面团的面包都可参考使用。

4. 搅拌至面团不黏手时，即可加入两种黄油。这里要特别注意，
因为每一种厂牌的面粉都有不同吸水性，搅拌时面团有时会过于湿
软，不妨在做法3时先加一半的糖，另外一半则与黄油分次加入。

5. 将面团放入钢盆，盖上湿棉布，基本发酵60分钟。

6. 把面团称重，依每份700克分割，滚圆，放入冷藏30分钟。

7. 面团取出擀平呈四方形，均匀抹上肉桂馅（请见096页）后卷
起，切块（每块约85克）。

8. 将面团断面朝上放入纸杯或模型，盖上湿布放置在室温下或发
酵箱里，最后发酵大约50分钟或面团膨胀接近一倍大。

9. 面团表面刷上蛋液，放上一块焦糖牛奶糖（请见098页），再
撒上一点点盐之花。

10. 烤箱设定上火220℃、下火230℃预热，再放入面团烤13～
16分钟即完成。

⎛ B ⎞
⎝ 糖霜 ⎠

材料
糖粉······280克
牛奶······40克
柠檬汁······12克
奶油奶酪······40克
总重量：372克

◆ 做法 ◆

1. 将糖霜所有材料放入钢盆，搅拌均匀，装入挤花袋备用。

2. 出炉后的肉桂卷，放置冷却后，表面挤上糖霜就大功告成。

3. 冲一杯咖啡，大口享用，超满足！

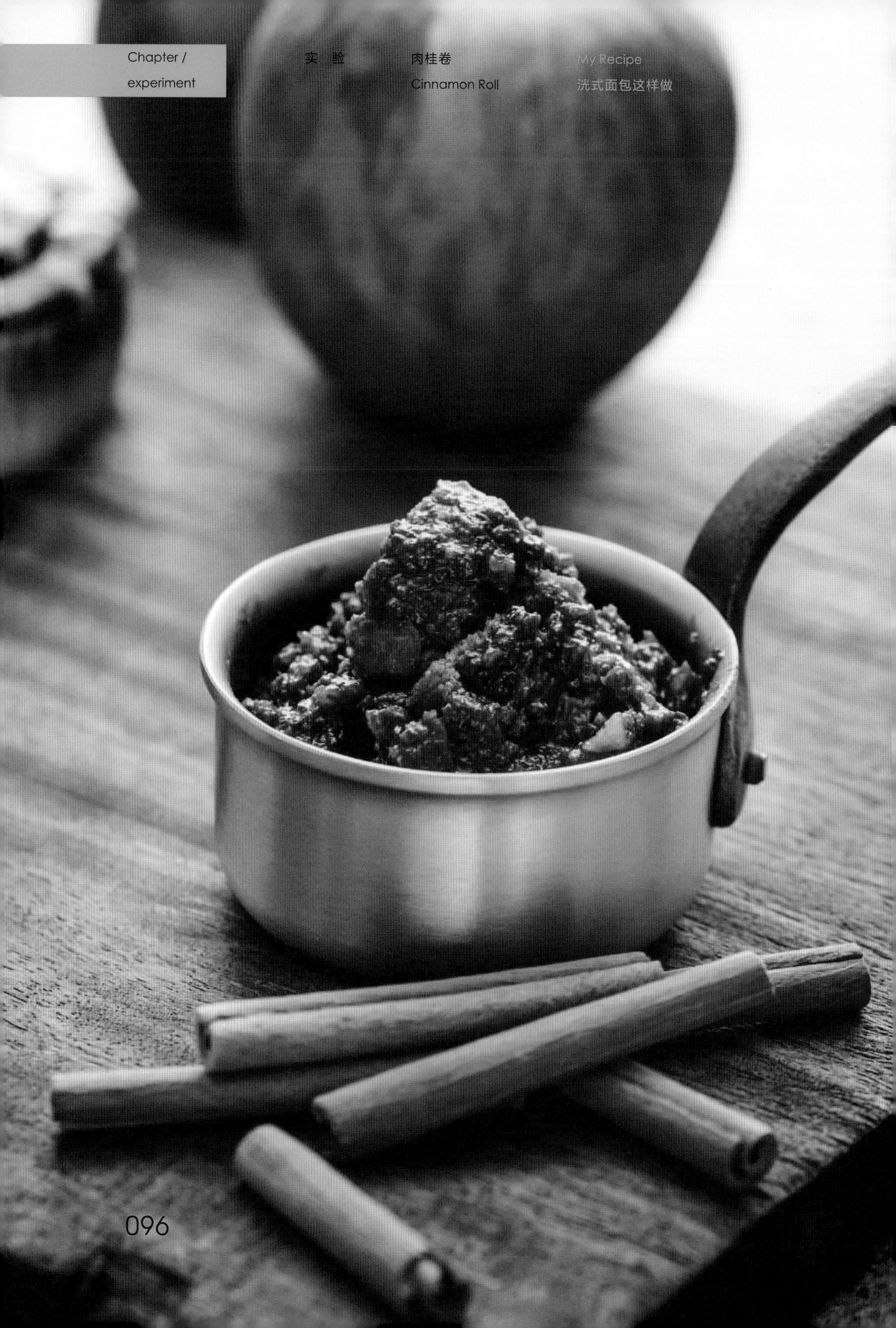

C 馅料

材料
苹果肉桂馅（酱）…598克
焦糖牛奶糖……1颗

<备注> 焦糖牛奶糖与苹果肉桂馅制作方式可参考本页和下一页，也可买市售牛奶糖或果酱代替。

C-1 苹果肉桂馅（酱）

材料

❶焦糖苹果粒
苹果丁………250克
细砂糖………67克
发酵黄油………29克
柠檬汁………3克
总重量：349克

❷馅料调味
黄糖………50克
蛋糕屑………29克
杏仁粉………29克
肉桂粉………12克
酒酿葡萄干………239克
焦糖苹果汁………167克
焦糖苹果粒………72克
总重量：598克

◆ 做法 ◆

▲ 煮焦糖苹果

1. 将细砂糖煮到焦糖化后，续加入黄油拌匀。

2. 再加苹果粒，和柠檬汁搅一搅，煮到苹果粒变软就好了。

3. 将焦糖苹果粒滤出备用，剩余的就是焦糖苹果汁。

➔ 柠檬汁用量要很小心，若使用太多（超过25克）会造成整锅只剩柠檬味。

▲ 制作肉桂馅

4. 将焦糖苹果汁、黄糖搅拌均匀后，与酒酿葡萄干、焦糖苹果粒一起倒入调理机，打粗碎即可。

5. 再加入杏仁粉、肉桂粉、蛋糕屑搅拌均匀即可备用。需冷藏保存。

➔ 蛋糕屑的用途在于吸收馅料的湿度，可使涂抹更均匀。蛋糕屑可利用手边有的海绵蛋糕边料来做或是买市售海绵蛋糕，将其搓成粉状备用。（但堂本店里的海绵蛋糕是用放牧乌骨鸡蛋来做，就算是蛋糕边也超级香。）

❶

❷

❹

❺

**C-2
焦糖
牛奶糖**　　　**份量：约50颗**

材料

杏仁豆·········52克
动物稀奶油·····69克
牛奶·········69克
细砂糖········103克
葡萄糖········52克
转化糖········52克
发酵黄油·······103克
盐之花海盐·····3克
总重量：503克

◆ 做法 ◆

1. 将杏仁豆平均铺上烤盘，放入烤箱，设定温度140℃，烤约25分钟（也可直接购买原味杏仁豆）。放凉后将杏仁豆切碎备用。

2. 将稀奶油、牛奶、细砂糖、葡萄糖、转化糖放进铜锅，开火一边搅拌一边煮到130℃。

3. 关火，加入黄油搅拌均匀，等待降温至85℃后，再开火加热到130℃。

➲ 降温的过程水分会蒸发，口感会比较扎实，且如果一直滚煮，糖比较会变质。另外，稀奶油和发酵黄油在此使用的品牌是法国总统牌，因为凭我个人使用经验，觉得熬煮时符合较耐高温的特性。

4. 关火，加入碎杏仁与盐之花海盐拌匀，就完成美味的焦糖牛奶糖。要放冷藏或冷冻保存。

❶　　❷　　❸　　❹

Chapter /
experiment

实 验

肉桂卷
Cinnamon Roll

stories of my bread
咀嚼一颗故事

深夜土鸡城也有
苏格拉底？

我在做面包上有很多理论并非来自于教科书，但也不是毫无根据的天马行空，我认为世界上没有所谓天马行空，任何东西都有规则，有的只是我们不知道而已。我在做面包上，总是依照着科学根基去思考，依照着规矩去变化。

这样的特质并非与生俱来，在我的面包之路上，以前从事音响行业的工作，为我带来相当大的帮助，所以我始终相信无论是什么背景出身，只要是认真走过的路，一定能对未来的你留下养分。

• •

我在高中的时候念的是电子科，对音响充满了兴趣，爸爸的工程师朋友偶然看见我实作的音响，或许是觉得这小子还颇有潜力，于是介绍我到台北公司去面试。当时，录取我的音响公司，号称是台湾音响界的最高殿堂，而我得知自己录取的那一天，知道自己要从一个穷小子踏进富贵人家的大门，浑身上下都紧张得不得了，甚至连经过公司大门都要刻意绕道，以免亵渎了它。

进到公司后，老板看我勤勉认真，将我从维修部门调到他身边，要我跟着他学做生意。"很辛苦喔！"他跟我说。我点点头，跟他说我是特种部队退伍的，不会怕辛苦。

那时候起，我带着工具跟着老板跑遍台湾南北，经常下午五点出门，从苗栗、桃园一路拜访客户到台南。有时候待在客人的家里维修调整音响，一弄就到大半夜，经常凌晨才回到家。还记得有次大楼管理员跟我打招呼："今天这么早上班喔！"我看了看手表，早上7点，其实我不是要上班，而是才要下班。

我老板常说，卖车子或卖房子的业务，顶多进到客人的客厅里，但是我们卖音响的，则是要进到客人的卧房，看到他们卸下光芒的一面。亲身接触这些台面上的成功人士，看见他们在家里过着什么样的生活，我才发现在电视上意气风发的大老板，实际上也只不过是个穿短裤的平凡阿伯而已。

曾经，有客人买了一千多万的音响想要享受，结果过三个月之后，我上门来处理调整，却发现三个月前放的那张激光唱片还在里面。这些人会想买音响，表示他们已经很懂得生活，可是他们过着很贵的物质生活，却没有很丰富的精神生活。

我爸很有智慧，常对我说："有得必有失。"当整个社会氛围都在告诉你，没有一份薪水很高的职业，就不算成功——虽然我只是个穷小子，但我在这份工作里看到的，却让我异常感觉良好，觉得自己过得很不错。

· ·

做音响业有个有趣的地方，我老板说，别人都是请客人吃饭，只有我们不一样，经常是客人请我们吃饭！也因为在客人家吃到的食物，大大启发了我的味蕾。

还记得一次在台南客人家里，我们工作到接近晚餐时间，客人请我们与他们一起吃个简单的晚餐。他端上一盘乌龙面，十分骄傲且得意地宣布："这可不是普通的面！"接着，他开始叙述这面的来由如何如何，用的是哪个地方的面粉，有什么样的风味，揉面的手法多讲究，而他可是为了煮这个面，还特地用了某个牌子的矿泉水呢！他们很慎重地看待我们觉得很普通的食物，这种态度让我感到惊讶，好像一盘水饺、一碗面，甚至是一包花生甜汤，他们都会特别去哪里买回来请客人吃。

另外一次，有个客人特地到台北公司来，因为是老板很久不见的老朋友，聊着聊着时间不知不觉过去了，到了深夜时分，他说不如来吃宵夜吧。竟然载着我们到阳明山去，在绕来绕去的山路深处，来到一家破破烂烂铁皮屋搭的土鸡城。我们走进那栋破房子，没想到里面满满都是人，而我这辈子吃到过最美味的白斩鸡，就是在这里吃的。

这些身价上亿的客人们，让我看到各式各样的生活态度。尤其是食物，原来不用华丽的包装，只要真心诚意把东西做好，自然能吸引很多人远道而来。我想到老板曾经这样鼓励我："你有别人不会的专业，你就有价值。"

103

野酵母的
驯养守则

我在法国见习的期间，学到酵母菌之于面包，有如灵魂之于肉体，而什么面包该用什么样的酵母，是一门相当值得探究的学问。堂本面包店所使用的酵母有许多种，但不论是哪种酵母，我认为它们都是"天然酵母"。

市面上所贩售的各种酵母，都是来自酵母公司研发，取天然酵母中发酵能力强、香味浓、存活能力好的菌株，通过大量培养再干燥或是脱水，制成我们所买得到的各式酵母产品。而我一般在家里或是面包店里，通过水果或是谷物本身所附着的野生酵母菌，所自行培养出来的天然酵母，则包含了各种不同特性的菌株，有香味很好但是发酵能力弱的，也有香气普通但是酸味却很好的，自家栽培酵母的品质虽不像专业公司生产那样来得稳定，但却是带给面包无限风采的神奇魔法。堂本的自家栽培酵母使用多种水果发酵，不过与其称它做"水果酵母"，同事们更爱叫它"小白"——当然偶尔也会培养全麦种或裸麦种的"小黄"或"小灰"，这样觉得比较亲切，比较有伙伴感。

● 模范生与野孩子 ●

酵母是面包美味的来源，而同样都是酵母菌，商业酵母与野生酵母的表现却很不同，这一段叙述想必任何一本面包书都有写到。所谓商业酵母是在实验室选育出来的菌株，依照特性适合用于酿酒或发酵面包，而野生酵母的生成方式则很像诱捕，你先是在瓶中放置果干、新鲜水果或面粉等菌类喜爱的食物，引诱附着在果皮或是谷类表面的酵母发酵，接着再利用产生的菌液来起种，喂养以不同的面粉，培育出法国鲁邦种、德国裸麦酸种等不同老面。

商业酵母与自家栽培酵母有何不同？我个人的使用心得是，商业酵母就像很会念书的模范生，做出来的面包发酵匀称，体态完美标准，但偏偏就是太中规中矩，而自家栽培酵母就像活力四射的野孩子，有很丰富的情绪表达，发酵出来的面包具有多层次香气，咀嚼起来格外有种韵味。不过野孩子的缺点是，脾气不好控制，拗起来也很欠揍。

105

没错！酵母菌很像人类的孩子，你怎么培育它、喂养它、运用它，所呈现出来的成果可能很不同，我认为这就是面包最微妙的部分了。

基于平等精神，我在此要特别声明，虽然我也自家栽培酵母，但却很少以此为卖点大肆宣扬，主要是因为我认为酵母也是表达面包意志的一种工具，什么面包用哪种酵母最能表达风味，才是思考的重点。酵母得要适性适用，而不是"只要哪一种孩子就特别好"。

‣ 我的大杂烩酵母 ‣

很久以前，我在外文书读到关于野生酵母的运用，国外用自家栽培酵母做面包是一件平常的事情，可是在中国台湾却恰恰相反。大家都说自行培养很困难，野生酵母的发酵能力弱，或酒精会杀死酵母菌，做出来的面包不漂亮也不好吃。

听了这些说词，我觉得很奇怪：面包是古人的食物，养酵母怎么会太困难？我又想到酿酒也需要酵母作用，如果酵母菌无法存活在酒精里，为何又有瓶内发酵的比利时啤酒？后来我仔细查了资

料，发现酒精要杀死细菌浓度至少要达到60%以上，甚至我也去买了一套酿酒设备来实验，把酿酒过程产生的酵母原液拌入面团，发现野生酵母的发酵力很活泼，几乎不输商业酵母。在一点点科学思考下，这些"听说"不攻而破，我也就非常放心地培育野生酵母。

刚开始，我用葡萄、蓝莓、橘子、凤梨、柳橙等各种水果来起种，发现许多水果都能拿来栽培酵母菌，后来我嫌瓶瓶罐罐太多麻烦，就试着将几种酵母液混合，发现这样也没关系。于是我就像苗人养蛊一样，用大杂烩的方式养出了我的"小白"，而今我们的小白已经16岁了，它还代替我跟着宝春漂洋过海征战世界，也随着店里出去创业的年轻师傅，我们将它当成创业的祝福。

• 欣赏不稳定的状态 •

任何人初接触野生酵母时，就像刚认识一位新朋友，彼此还不太熟的情况下要合作，难免会有冲突与争执，烤出来的面包有时风味绝佳，有时又一败涂地，品质起起落落。几次被野生酵母捉弄过之后，我一度想买昂贵的老窖机（天然酵母专用搅拌机）。

我兴冲冲地向太太介绍这部神奇的机器，说它如何如何厉害，可以多久搅拌一次、控制发酵的时间，以及发酵的温度……让发酵过程可以更稳定！

"那它的风味就会很固定啰？"她反问我。

"对啊。"我说。

"风味很固定，那你为何不用商业酵母就好？"对耶！她一下就突破盲点。

想想即使有好用又方便的商业酵母，

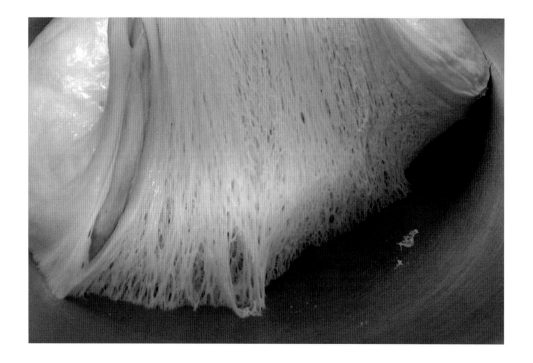

自己培养的酵母仍然是我们制作面包非常重要的一环。使用天然酵母的原因，除了它能丰富面包的滋味之外，最重要的是提醒自己要放下数据或规则，回归更原始的状态，用感官去了解面包的本质。

我将面种放在低温下长时间发酵，让细微的香气一层又一层地去重叠，你问我发酵5小时或12小时到底有什么不同？我无法确切回答你，但它肯定就是不同啊。我想这就是"时间的味道"吧。

我始终认为，做速成的食物不缺我一个，但肯花时间来做一颗面包，才是野生酵母指定给我的功课吧。

❥ 后记 ❧

NHK①介绍日本酱油工厂时，已经不知道是酱油工厂的第几代传人指着覆满霉菌的天花板说，工厂里的有些东西万万不能动，因为那里有"神明"居住着。

我想到几年前，我将厨房从堂本搬到亚森的时候，也曾经发生过这样的问题。环境换了，空气不同了，酵母的味道也变了。这个现象不只我感觉到了，所有师傅也都察觉了。原来，环境与酵母的关系如此紧密，书上说的都是真的……酵母就像变色龙，环境改

变了，风味也会慢慢转变。

这也是为何在饮者的心目中，旧酒厂所酿的金门高粱硬是比新酒厂好，除了先入为主的想法，或许那也是因为在空气中流动的菌株，正是风味的灵魂。

为了回复到从前的状态，我和师傅们特地留了一桶酵母在堂本，每天取来一些到处放在亚森的各角落，差不多经过一年时间的培养，才慢慢造出理想的环境。有了那次经验，我开始相信漂浮在面包店的每一粒灰尘，都有神明住着，守护着每一个职人用心制作的面包。

PS②. 但打扫清洁卫生还是非常重要的！

编者注：
①NHK是日本广播电视台，以高质量纪录片闻名。
②英语postscript的缩写，是"顺便说一下，补充一下"的意思。

堂本流
面粉攻略

这几年台湾地区材料商进口了非常多种面粉,有来自日本,有来自法国,就连本土面粉厂也推出各式各样的专用粉,身为一个面包师傅,不必再自己花大笔运费从法国空运面粉,就有各式各样的好材料可选择,觉得这真是一个幸福的年代!

从堂本面包店开始,到后来又开了制作甜点的亚森洋果子,产品路线可说相当多元,既有欧式面包,也有大家熟悉的台式面包,还有一些难以被归类的奇怪面包,此外,也有蛋糕的品项,还有马卡龙、法式棉

花糖、烧果子（饼干）等各式小点心，小小一间面包店不知不觉竟然推出了这么多种产品，连自己都觉得有点惊讶。

随着制粉业的发达，每家制粉厂因应需求，依照小麦品种、灰质比、碾制方式区分出各式各样的产品，品项之多往往令人眼花缭乱；而日本面粉、法国面粉与中国台湾面粉究竟有什么不同？以下分享我个人对面粉的一家之言。

‘日本面粉像照片
法国面粉像油画’

日本人对任何事物的研究，经常细腻至有点吹毛求疵的地步，在面粉制造上也不例外。所以日本面粉做得非常精细，让每一款面粉表现的味道都很纯粹。我个人认为，日本的面粉就像精美的照片，清清楚楚拍下风味的模样，棱

法国

日本

棱角角分明可辨。而法国面粉就像法国人一样，它比较像是一幅油画，油画描绘的是一种印象，你不容易分辨它的棱角，必须拉开一点距离观赏，才能够感受它的能量。

说得直接点，法国面粉确实不如日本面粉精致。但这意味着法国面粉就不好吗？其实不然。我们不也常在美术馆里，欣赏到令人感动的油画；至于台湾地区产的面粉呢？我认为台湾面粉比较像水彩，它容易表达出轮廓，但不像照片那样清晰，也不像油画那么奔放，但仍然具有一些想像空间。其实，台湾地区面粉厂的原料来源与日本面粉厂的来源大都相同（除了使用国产小麦的面粉），只不过台湾地区与日本厂商对于制粉的认知不同，配粉、制粉、研磨的操作方法也不尽相同，导致这样不同的成果。

❛ 有丰富口感与风味的 台湾面粉 ❜

仔细观察日本面包食谱的配方，常常发现一款面包由两种以上的面粉调配而成，这也许是因为日本面粉的味道很纯粹，所以要通过调配混合手法来呈现每一个不同店家和主厨，独一无二的丰富感。而使用台湾地区面粉或法国面粉做出的面包，尝起来就会比较容易感受到风味上的层次感和冲击感。

大约在十几年前经常前往日本学习的时候，我和几位师傅一起分担重量，运

中国台湾

  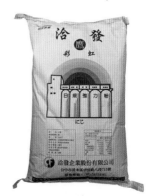

了几个不同厂牌的台湾的高筋面粉给日本老师做测试，而日本老师的回复更是令人惊喜，他认为用台湾省面粉制作的吐司和面包不逊色于用日本的面粉做的，反而有更多丰富的口感和风味。

当然，日本面粉之中也有例外，尤其用其本国产小麦做的面粉就有很不错的风味，像是北海道吐司用的北海道面粉，就是取自当地生长的小麦，别具有一股特殊的牛奶香气。

● 做面包像做菜
别让数据绑架感官 ●

因应不同产品需求，堂本面包店选用的面粉可说相当多元，大约都维持在10种面粉以上，会用来做面包的大概就占

了8种吧。综合这几年的经验，我个人对于面粉选择并不会执着于品牌，一款面包里用了哪几种不同的高筋面粉，完全视想要表现什么风味而定。（本书的面包配方，我标注了使用的品牌，但是更加期待各位也可以依照喜好选择其他品牌，创作出属于自己不同风味的作品。）

或许，我做面包的方法比较像做菜，对于什么样的面包该用什么样的面粉，日系面粉虽然提出许多量化数据可供参考，但我却很少用数据来做决定，因为数据不见得可以让人做出好吃的东西。也许这是我以前当音响工程师在调整音响的时候所累积的经验，同一组讯号线放在输入端还是输出端，还有机器摆设

的位置，这些都会产生明显不同的声音，但这些都是机器测不出来的，因为机器终究没有人的感官来得灵敏。

❦ 后记 ❧

关于怎么实验面粉，在此我贡献一个个人觉得不错的方法。

在堂本面包店里，有两台非常普通的家用面包机。对专业师傅来说，面包机或许是不登大雅之堂的玩具，但是面包机能够设定相同的制作环境，可以像实验室的实验组与对照组那样，用来研究单一变因的两种配方，会有什么不同的风味。

在研发面包前，我会拿各种不同面粉先用面包机来测试，这一点点的科学辅助可以帮助你更快地找到方向，不用在忙了一天工作之后，还得因为研发做到大滴汗小滴汗。

另外，在这里我想要分享的是，在使用面包机时的关键，就是温度控制！

因为家用面包机最大的问题在于搅拌空间小，面团容易因为摩擦而温度上升，使得完成的面团有时会在32℃以上，造成面包成品过于干硬。建议不妨将所有干性材料连同搅拌缸和搅拌叶片一同放入冷冻室至少3小时，搅拌用的水用一半水和一半碎冰块取代，而如果有添加黄油的需要，也请先将黄油冷冻后再用刨丝器刨成细丝，再放入冷冻室备用，需要时才加入搅拌。（可刨多点放入冷冻，就不用每次准备。）随着四季温度变化，面团搅拌完成的温度最好控制在24～25℃，做出来的品质就很接近面包店了。

我一直深信，熟悉，是成就所有经典风味的最大关键。

美食家追求不凡的味觉体验，但最终能让其感动的，还是那一入口就能唤醒脑海中最美好的熟悉记忆；《料理鼠王》里的食评家，不就是被小老鼠瑞米所烹调的普罗旺斯炖蔬菜 Ratatouille 所感动，进而唤醒童年的温暖记忆！

堂本每一款面包的创意、设计、改良与调整，包括上市后客人的回响，以及与同业、前辈、好友在日本、意大利、法国的学习之旅，对我来说，都是在写日记；这个以记忆书写的日常功课，就是奠定面包风味的基础。

记　　　　忆

记忆中，癌症晚期的金阿姨喜欢吃我做的黑糖①面包，因为让她想起小时候嘉义老家的甘蔗园，关于炼黑糖的往事，还有年少纯纯的爱。我希望黑糖面包曾在她最后的生命中，成为抚慰她心灵的良药；而我的黑糖面包，也因此延续了她的生命故事。

美味的食物，里面总是混合了记忆、欣喜、向往等情感因素，当人们尝到那难以言喻的滋味时，内心深处所产生的悸动，往往成为最正面的一股能量，我想让我的面包，拥有那样鼓舞人心的力量。

编者注：①台湾说的"黑糖"，一般就是大陆说的"红糖"。

家乡味的
心灵辩证

〔

长棍任性地说：我想家！

我可以把技术学来、把面粉空运来，可这里还是中国的台湾呀。

讲法文的面包来到台湾，怎么不孤单、怎么交到一群好朋友？

我等着面包出炉，担心得像送孩子第一天上学的妈妈。

〕

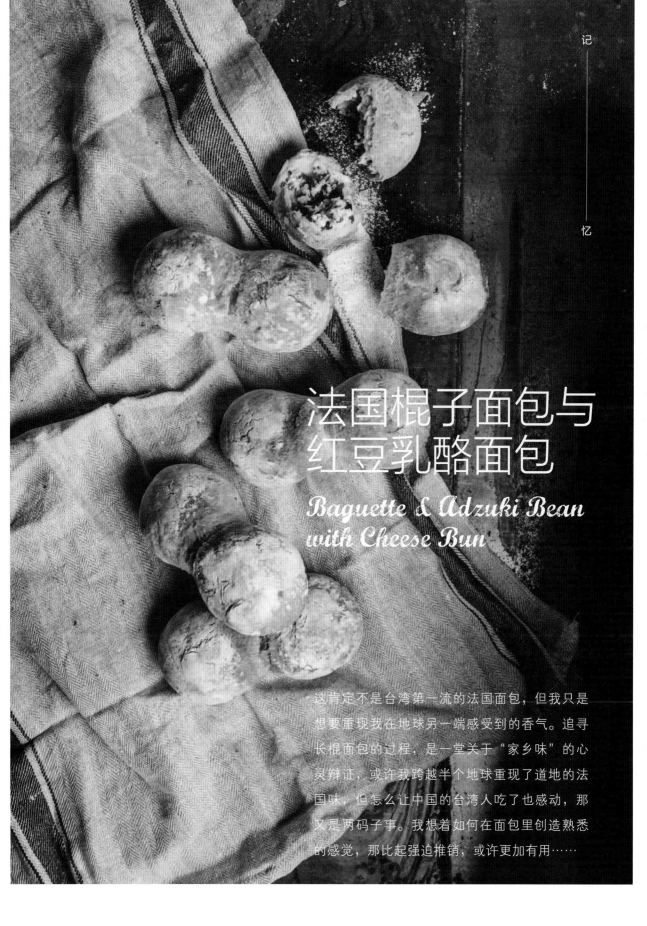

法国棍子面包与
红豆乳酪面包

Baguette & Adzuki Bean
with Cheese Bun

这肯定不是台湾第一流的法国面包，但我只是
想要重现我在地球另一端感受到的香气。追寻
长棍面包的过程，是一堂关于"家乡味"的心
灵辩证，或许我跨越半个地球重现了道地的法
国味，但怎么让中国的台湾人吃了也感动，那
又是两码子事。我想着如何在面包里创造熟悉
的感觉，那比起强迫推销，或许更加有用……

Chapter /
memory

记 忆

法国棍子面包与红豆乳酪面包
Baguette & Adzuki Bean
with Cheese Bun

My "Bread" storming
面包，我是这样想的……

红豆牛奶冰棒的极简变奏

在面包领域，我认为最困难的两项挑战是法国棍子面包与意大利水果面包，这两款面包的性格极不相同，一个是面包当中材料最简单的，一个则是材料最为复杂的。

我认为一位面包师面对这两款面包都能表现得恰如其分，那代表他已懂得与面包交往，对于风味表现的强弱，已有一定程度的掌握。

经历日本与法国两趟海外习艺，我的自我感觉异常良好，浑身上下充满自信，认为自己必定能够做出完美的长棍。但有趣的事情来了，明明每个步骤都照着法国老师说的，但任凭我怎么反复操作，确认不是温度、搅拌或发酵的问题，甚至连水都去买了法国进口的矿泉水，就是这么简单的面粉、水、酵母、盐，却怎么也组合不出在法国的味道。

说来很奇妙，虽然我想尝试用不同的面粉配比来做长棍，但有些传统是不容变更的，世界上确实会存在这样的事情。我发现自己无法做出棍子面包的"法国味"，问题是出在面粉上。

在十二三年前，台湾地区能买到的面粉主要原料都来自美国、加拿大等地，没有厂商进口法国面粉，而法国面粉或许是由于小麦品种的不同，所拥有的特质不同，造就了长棍经典的气味；长棍要是换了其他面粉来做，就好像是把粽子的糯米硬是换成越光米，粽子就不像粽子了。

为了验证想法，我拜托做法国菜的朋友帮我向食材商订购一包法国面粉，我还记得为了让那包重达25公斤的面粉坐飞机来台湾，原价只要20欧元的面粉，却足足花了我15000元台币[①]。我想那应该是台湾面包业的第一包真正的T55法国面粉吧！虽然我含着眼泪带着微笑签下账单，但做出来的长棍果然像在法国所吃到的。跨越半个地球重现出那样的滋味，所付出的代价虽然不低，但我觉得很值得，甚至觉得有点屌屌的。

无论在中国台湾或在日本，人们常常把欧式面包想得太严谨、太高贵，以至于失去了家常感。但法国面包一点也不严肃，它就像台湾人的便当和自助餐，是日日常食的简单食物，而且只要掌握了要领，法国味与中国的台湾味并不是那么天差地远，那中间甚至可以找出共鸣。

编者注：①相当于416欧元，3200元人民币。

　　举例来说，红豆乳酪面包是法国长棍的变奏版本，那是因为我觉得法国长棍咸咸的滋味与红豆、奶酪应该相当搭配，于是我将三者组合在一起做成面包，发现吃起来颇像台湾的红豆牛奶冰棒。意外地，法国长棍这样的舶来食物，却也能让台湾人感觉有那么一点熟悉。

　　其实，人从一出生开始进食，就不断在累积"熟悉"的味道，由当地物产与生活习惯交互影响而衍生的饮食习惯，就像渗进人类基因的铁律，让人怎么吃来吃去，最终喜欢的还是家乡味或是妈妈味。我在追寻法国长棍的过程，体悟到不同国家的人对食物的认知是如何地不同，而把你的家乡味变成我的家乡味，这大概是法国长棍要我做的吧。

121

Chapter /
memory

记　忆

法国棍子面包与红豆乳酪面包
Baguette & Adzuki Bean
with Cheese Bun

My Recipe
洸式面包这样做

法国棍子面包

Chapter /

memory

记　忆

法国棍子面包与红豆乳酪面包
Baguette & Adzuki Bean
with Cheese Bun

My Recipe

洸式面包这样做

份量：2条

Ⓐ
老面

（隔夜发酵种）

材料

T55 高筋面粉‥500 克

裸麦粉‥‥‥‥5克

即发干酵母‥‥4克

自家培养酵母（小白）‥50克

水‥‥‥‥‥330克

海盐‥‥‥‥‥11克

总重量：900克

Ⓑ
面团

材料

T55 高筋面粉‥500 克

裸麦粉‥‥‥‥5克

即发干酵母‥‥4克

自家培养酵母（小白）‥50克

老面‥‥‥‥‥50克

水‥‥‥‥‥330克

海盐‥‥‥‥‥11克

总重量：950克

◆ 做法 ◆

第1天 ◢ 制作老面（隔夜发酵种）

1. 将所有材料拌匀，室温发酵 1 小时。

2. 接着放进冷藏发酵一个晚上。

3. 剩余的隔夜发酵种可以依照每次需要的量分包冷冻，需要使用时就可解冻使用，而不须每次从头开始养。冷冻可以维持 2 ~ 3 个月。

第2天 ◢ 制作主面团

4. 取老面 100 克，与主面团其他材料搅拌均匀至面团光滑拉开呈现薄膜。

➲ 老面和小白添加到面团的比例从 5% 到 40% 都可以尝试（当然也可以更多啦！）太少没味道，太多怕会太酸，但是勇于尝试就会有很不错的收获。从学理上来讲，老面放入的多寡，会影响面团的酸碱值，做出来的成品外观和风味都会有所不同。

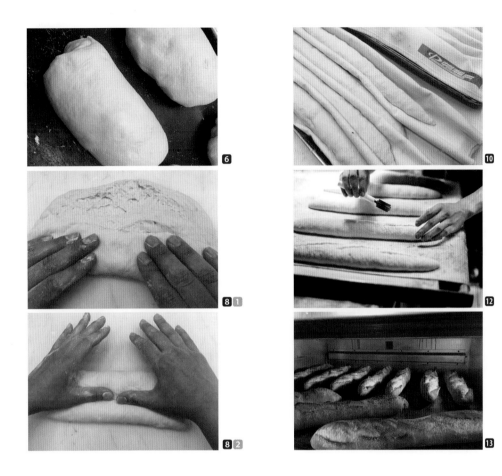

5. 基本发酵 30 ～ 40 分钟后，将面团翻面（面团折三分之一后再对折）再发酵 30 分钟。

6. 分割为每块 350 克，将面团略为收口，静置 30 分钟，使面团松弛。

7. 将面团轻轻压扁把大气泡排除。

8. 面团整形：将面团上下都向中间折起，用拇指将折口压入面团中，再用掌根从上往下按压面团使面团向内卷，有点像蛋糕卷的感觉。

9. 面团轻轻揉长成 60 厘米的棍状。

10. 将帆布撒上面粉后，将面团放置上去，面团与面团间可利用帆布的折起隔开，避免沾黏。

11. 盖上湿布在室温下最后发酵大约 30 分钟。

12. 将面团移到烤盘上，在面团上用刀片割痕。

13. 烤箱设定为上火 240℃、下火 220℃，事先预热过后，喷蒸汽 3 秒，面团进炉，再喷蒸汽约 4 秒，烤焙 15~20 分钟。

Chapter /
memory

记 忆

法国棍子面包与红豆乳酪面包
Baguette & Adzuki Bean
with Cheese Bun

My Recipe
洗式面包这样做

My Recipe

红豆乳酪面包

份量：10颗

A
老面

（隔夜发酵种）

材料

T55 高筋面粉‥500 克

裸麦粉‥‥‥‥5克

即发干酵母‥‥4克

水‥‥‥‥‥‥330克

海盐‥‥‥‥‥11克

总重量：850克

B
红豆乳酪馅

材料

蜜红豆‥‥‥‥338克

奶油奶酪‥‥‥290克

动物稀奶油‥‥35克

糖粉‥‥‥‥‥13克

总重量：676克

━━━━━━━━━━━━━━━

<备注> 涂在烤吐司上也很好吃。

━━━━━━━━━━━━━━━

C
面团

材料

T55 高筋面粉‥500 克

鲜酵母‥‥‥‥10克

盐‥‥‥‥‥‥7克

自家培养酵母（小白）‥45克

老面‥‥‥‥‥20克

水‥‥‥‥‥‥335克

总重量：917克

Chapter /
memory

记 忆

法国棍子面包与红豆乳酪面包
Baguette & Adzuki Bean
with Cheese Bun

My Recipe

洗式面包这样做

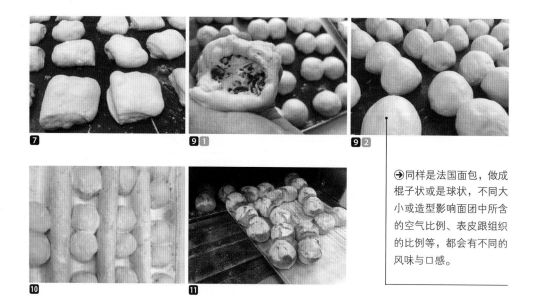

❥同样是法国面包，做成棍子状或是球状，不同大小或造型影响面团中所含的空气比例、表皮跟组织的比例等，都会有不同的风味与口感。

◆ 做法 ◆

第1天 ▲ 制作老面（隔夜发酵种）

1.将所有材料拌匀，室温发酵1小时。

2.接着放进冷藏发酵一个晚上。

3.剩余的隔夜发酵种可以依照每次需要的量分包冷冻，需要使用时就可解冻使用，而无须每次从头开始养。冷冻可维持2～3个月。

第2天 ▲ 制作红豆乳酪馅

4.将蜜红豆与其他材料搅拌均匀备用。

▲制作主面团

5.将所有材料进行搅拌均匀至面团光滑拉开呈现薄膜。

6.基本发酵30～40分钟后，翻面（将面团折三分之一后再对折），再发酵30分钟。

7.面团称重依每份40克分割，将分割面团略为收口，静置30分钟，使面团松弛。

8.轻轻压扁面团，把大气泡排除。

9.取30克红豆乳酪馅包入面团，将面团收口后，两两靠拢呈花生形。

10.将帆布撒上面粉后，将面团放置上去，放入发酵箱或盖上湿棉布，室温下最后发酵大约30分钟。

11.烤箱预热至220℃、下火200℃，将面团移到烤盘，进炉后喷蒸汽3秒，烤焙25分钟。

份量：1锅

D
蜜红豆

材料

红豆·····································1200克

陈皮（越陈年越好，以热水泡开备用）···1片（约3克）

和三盆糖①（或黄糖）·····················220克

黑糖···································70克

盐·····································2克

129　　编者注：①和三盆糖是一种日本产的糖，色泽淡黄，颗粒均匀，"三盆"表示三度研磨。

Chapter /
memory

记　忆

法国棍子面包与红豆乳酪面包
Baguette & Adzuki Bean
with Cheese Bun

My Recipe
洗式面包这样做

◆ 做法 ◆

1. 红豆放入盆中，注水，用双手用力搓洗约 10 分钟。

2. 反复沥干洗净 3 次，直到洗出的水变干净为止。

➲ 由于红豆一碰到水就会吸收水分，所以洗红豆建议使用过滤水。洗红豆时会发现水越洗越混浊，水变成了乳白色，溶在水里的白色物质就是"杂味"的来源，如果没有彻底洗净，煮出的红豆会有草腥味。

3. 最后一次搓洗时，可略泡几分钟，让红豆皮吸收水分，接下来来挑豆子的时候比较不会滚来滚去。

4. 把破碎或形状不好的豆子挑掉。因为破掉或脱皮的豆子会比较快释出淀粉，容易煮得口感不均匀。

➲ 有些人会将红豆泡水一晚，但我通常不泡。这是因为泡水会把红豆味泡出来，使得红豆滋味略减。

5. 锅中倒入洗净红豆，接着注水大约淹过红豆一个指节，约 2 厘米，以中火煮滚。

6. 水滚后即熄火，将锅中的水倒出。（滤出的就是红豆水，可以拿来喝，据说可以消水肿，是女性朋友的最爱。）

7. 接着再注入水，同样略淹过红豆，用小火慢煮。煮滚时若水分太少，可斟酌加水，但注意每次只加少许，保持锅中水量在淹过红豆的一个指节高。

➲ 锅内的水不要多，水滚翻腾时，红豆比较不会乱跳碰撞，较容易保持完整外形。

❶

❷

❹

5 **6** **8**

8. 承上步骤，反复加水 3 次。第三次时可加至 2.5 个指节高，并将泡开陈皮切碎加入提味，水滚后关火，掩上锅盖续焖。

➔ 如果是想煮红豆汤的话，水就可以加多一点。如果是想煮成蜜红豆，则建议加糖后续煮到甜度约 60 度以上，如此可以延长保存期限。

9. 约 20 分钟后，打开锅盖可发现红豆胀大，粒粒饱满。此时可加入和三盆糖与黑糖、盐后轻轻搅拌均匀。

10. 红豆放凉后，移入冰箱静置一晚，让红豆吸收糖的风味，而红豆在静置期间会释放胶质，隔天打开锅盖发现红豆晶莹闪亮，那正是美味之神在对你微笑啰！

10

131

Chapter /
memory

记忆

法国棍子面包与红豆乳酪面包
Baguette & Adzuki Bean
with Cheese Bun

stories of my bread

咀嚼一颗故事

面包人要有点"法式"才行！

在面包界中，如果有明星选拔大赛的话，最佳女主角肯定是可颂，而最佳男主角就是法国长棍了。法国长棍（Baguette）大概是仅次于可颂，最具有"巴黎味"的一款面包。

长棍与巴黎有着特别深的联系，最主要是在工业革命年代，法国面包师傅为了喂饱广大的劳动人口，而发明出将圆面包改为细长型的做法，使得廉价美味的面包可以快速生产。因为这个缘故，长棍成为法国最普遍的庶民食物。这个现象经过数个世代不断累积，长棍也被投以浪漫怀想，成了法国生活风格的代表。像是导演伍迪艾伦的电影中，经常可见场景出现法国长棍的身影，例如《午夜·巴黎》有一幕女主角抱着一袋长棍与男主角散步聊天。长棍，俨然和"巴黎味"画上等号！

法国面包中最具代表性的长棍，从材料搭配到面团的重量、成品重量、成品长度、裂痕数等，都有法令明确规定，如果没有按照规定制作，就不能以"长棍"名义来贩售。如此严谨的法令，其实是源自于法国人对自身美食文化资产的爱护与自律。

• •

在我当学徒的过程，总听着师傅们讨论谁的法国面包如何又如何，看着配方上写着法国面包专用粉，或是写着T55面粉，但实际上所有的操作却永远都是高筋面粉配低筋面粉几比几，又几比几地配，看着加了许多改良剂的法国面包，我就想：到底法国人的法国面包是怎么样？在法国有没有学校在教法国师傅做面包？他们是怎么做的？

"究竟，什么是法国面包？"我所得到的答案众说纷纭，似乎没有一个标准。

虽然，后来我在东京习艺期间也学欧式面包，在师傅精准的指挥下也做出口感滋味都不错的法国长棍，可是回到台湾开店后，我参考书上与网络上的食谱教学，又试做了无数次，但手里揉着面团，内心始终存在着怀疑，光是"不错吃"好像无法说服自己。

"总觉得好像少了些什么？""真正的法国面包是这样的吗？""我是否该去一趟法国，看看法国人吃的面包到底长怎么样？"越是去追寻，问题就像泡泡般越冒越多。

133

Chapter /
memory

记　忆　　**法国棍子面包与红豆乳酪面包**
Baguette & Adzuki Bean
with Cheese Bun

stories of my bread

咀嚼一颗故事

　　或许是我的苦恼连上天都感应到了，一位甜点技师朋友在半年前去了法国，一天突然打电话来给我，问我要不要去上课。

　　"可是我听不懂法文耶。"我说。

　　"我可以帮你翻译！"他兴奋地说。

　　"是喔，那有什么课可以上？"我问他。

　　不久，他把课表寄来给我。

　　我看到上面写了一堂课"法国传统面包"，瞬间眼睛一亮，接着我把目光移到"费用"栏位。吓，虾毁①！一天学费将近两万元台币②！

　　……可是还是很想去呐。

　　我掂了掂钱包，牙一咬，把努力存下来的钱全押上了。

• •

　　后来，我才知道他介绍的这间学校，就是鼎鼎大名的Lenôtre③烘焙厨艺学院，那是一所相当进阶的专门学校，据说是许多法国厨师选择进修的地方。

134　　编者注：①闽南语，"什么啊！"。　②相当于4300元人民币。　③雷诺特。

　　为了找寻法国长棍的根源，英文程度很烂、法文程度等于零的我，二话不说就订了机票，飞到法国去了。在那个年代，因为甜点感觉比较时髦高级，许多台湾师傅特地来到这里都是为了学甜点，没有像我这样专程来上传统法国面包课的。

　　想当然尔，课堂的学员不是美国人就是欧洲人，听不懂法语的，英文也都会通，而像我这样毫无背景的学员少之又少……还好，我凭着打不破的厚脸皮，有朋友罩着，把老师一长串的香颂咕哝，翻译成我听得懂的人话。

　　"啊，伊供啥①？"

　　"贺，戈来咧②？"

　　我俩开启国语闽南语双声道，进行超级解码。就这样，我也依样画葫芦跟着法国人做起面包来。

· ·

　　看法国人怎么教面包是一件很有意思的事情，虽然我上课有如鸭子听雷，但唯一肯定的是，法国人的教学方法绝对与日本不同。

　　编者注：①闽南语，"啊，他说什么？"。　②闽南语，"好，再来呢？"。

Chapter /
memory

记 忆

法国棍子面包与红豆乳酪面包
Baguette & Adzuki Bean
with Cheese Bun

stories of my bread

咀嚼一颗故事

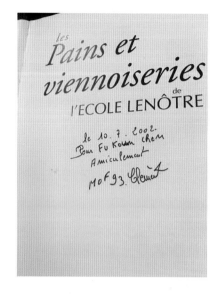

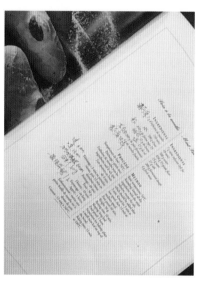

在日本学面包的时候，日本老师总是唯恐不够详细似的，将面包步骤从10个细分到20个，而每个动作都被精准数据化到简直是一门面包的科学课。可是在法国，上课方式全然不同，课程中老师虽然也会叫你看温度计，也会叫你注意湿度计与搅拌时间，但更多时候他会要你用手触摸，去感觉、去思考面团正在进行什么样的变化。

在法国的每一天，我过着在宿舍与学校之间通勤的规律生活，早上一到就是烤面包，等到面包出炉放凉，老师会领着我们到餐厅坐好，然后从冰箱拿出冰凉的红、白酒，帮每一位同学都倒上一杯，而助教会端来一大盘起司以及当天烤好的面包给我们，告诉我们，怎么样用面包体验法国的美好，让我们味觉和心灵都满足了才继续上课。

在一日三餐都醉醺醺的欢愉中，我在法国度过美好的时光，每天都像活在电影里。清晨前往学校的路上，迎面走来的法国人把面包与报纸拽在腋下，被擦得光洁的玻璃窗倒映着率性的身影，而橱窗里躺着枕头大的面包，仿佛对着我打招呼。我在课堂上学做橱窗里的大面包，学做细长的棍子面包，也学法国人把棍子面包夹在腋下，学他们喝葡萄酒配起司与面包，学他们怎么过生活。

法国人的面包课不是为了教人怎么"做"面包，而是为了教人怎么"感受"面包吧。

从法国回来之后，我一直思考着：面包这门历史悠久的产业发展到现代，许多连锁店都走上用预拌粉或是冷冻面团（面包）的道路，面包师傅不再具有技艺，只要懂得加热，人人都可以卖面包；可是，在法国仍然有许多精品面包店依旧维持"前店后厂"的生产方式，而这样传统的生产方式并未退流行，反倒吸引许多像我这样的人，特地千里迢迢坐飞机来朝圣。

这就是食品业的优势吧！只要掌握小规模生产的精致，做出与众不同的美味，你就能跳脱低价竞争，在市场存活下来。相反地，制作食物的人如果一直仰赖SOP（Stand Operation Process，标准流程。），不去精进自己的手艺，那永远就只能做出二流的东西，而等在前方的就是一片杀红眼的价格竞争。在任何一个时代，都有那种非常难订位、非常难排队的名店，我认为他们就是掌握了这一点，所以才跳脱了法则，成为特别的存在。

日本人用数据用规格来做面包，可以做出像模范生的面包，但法国人是用双手用感觉来做面包，它不再是用尺规来作画，而是恣意大胆地挥洒，那就是工程结构图与莫奈的油彩之间的区别吧。

我去了法国，学了法国MOF（法国最佳手工艺者）所教的法国面包，也在法国人的家里度过他们的日常。我在那里吃到面包店做的面包、寻常人家烤的面包、超市里卖的面包……这些通通都是法国面包。我常常想，如果有人像当年的我一样，来问我什么是法国面包。我想那答案会是："与其我说到嘴角起泡，你不如直接飞一趟法国吧！"法国面包就是法国的日常，那若有似无浪漫的氛围，只能感受，无法言喻啊。

我人生两次极为重要的面包追寻，一次在日本，一次在法国。在日本学到的技术让我的面包思考能依循着理性的指引，不至于走错方向；在法国，这里则是深刻印证了我的感性，其中正确的部分加强了我的信心，错误的部分则让我修正标准。这两段难得的经验都喂养了我，让我在将来的面包创作上敢于大胆想象。那是让我向前迈进的重要一步。

137

在漫长的思索里想着如何讨其欢心，一次次铩羽而归，直到参透化繁为简的真理，终于找回冠冕的真义。唉！这玩意也太难了吧！

风味魔后的刁钻试炼

意大利
水果面包

（潘娜朵妮）

Panettone

潘娜朵妮是我创业以来就一直想做的面包，它的制程繁复、配料多样，也最考验面包师傅对于发酵技术的掌握。我认为潘娜朵妮是面包之后，任何一位面包师傅都得要通过皇后的试炼，才能算是攀上技术顶端，足以自我加冕。

时间折叠累积的风味

意大利水果面包的原名叫做"潘娜朵妮（Panettone）"，如同史多伦之于德国，潘娜朵妮是意大利人的圣诞面包。

我与潘娜朵妮的相遇，是在第一次到日本学习面包期间，有一次老师带我们到百货公司考察，我在连锁面包店"DONQ东客面包"第一次吃到潘娜朵妮，那时候我跟面包还很不熟，一直以为潘娜朵妮是蛋糕。而那天上课的时候，老师发下的讲义刚好也写上了潘娜朵妮的配方与做法，我才恍然大悟，原来潘娜朵妮也是面包家族成员。

印象深刻的是，相较其他面包是一张A4的食谱，潘娜朵妮的食谱却足足有12张A4，还正反面印上密密麻麻的说明。"这个送给你们。"日本老师说，课堂的时间不够用来教潘娜朵妮，所以有兴趣就自己回家看吧。于是，我携带着这份"礼物"回到台湾省，想要挑战这款面包的念头就此萦绕不去。

潘娜朵妮的制作过程相当漫长，打一次面团最少要耗费2天时间，这是由于它主要的风

味来自天然酵母，必须经由很多阶段的发酵，才足以累积出深厚的韵味。然而，一旦发酵时间拉长，失败的变因也就越多，举凡时间温度掌控不好、酵母发酵能力不足等，都会让一切努力化为泡沫。经常，看似发酵完美的面团，烤出来却毫无弹性，或是尝起来奇酸无比，也有里外皆完美，但是香气尽散，吃起来就像没有灵魂的发粿……

任何一位面包师傅谈起潘娜朵妮，没有不为它的刁钻而头痛。当然，我也曾经是备受折磨的那一位。尽管投入制作之前，我参考了书籍与网络上各式各样的食谱与配方，甚至比对这些食谱的共性与差异，怀抱满满自信接受挑战，但仍然一次又一次铩羽而归。潘娜朵妮的困难程度，相较起马卡龙，可能有过之而无不及。

我想，要参透任何道理，都必须去繁归简吧。对于潘娜朵妮，我首先放弃它那多段的搅拌法，先将它视为吐司面包来制作，等到略能明白这些食材组合出来的滋味后，再来试着分成两段来发酵。逐渐地，我从两段、四段到六段……体会每一阶段对于面包的影响，那松软度、保湿度，以及无以名状的风味究竟从何而来。

对我来说，潘娜朵妮指点了"发酵"的真意，它让我再一次回归原点，去做最基本的练习。

Chapter /
memory

记　忆

意大利水果面包
Panettone

My Recipe
洗式面包这样做

意大利
水果面包

Chapter /
memory

记　忆

意大利水果面包
Panettone

My Recipe
洪式面包这样做

份量：29颗

**A
面团**

<备注>

第八段材料中，**橙皮干**做法如下：

1. 准备柳橙10颗，切片。

2. 将水烧开。取一些开水烫橙片1分钟；而后将水倒掉，再取新的开水烫。如此共烫3次，目的是去除橙皮的苦涩味。

3. 将橙片放入锅中，倒入冷水至淹过橙片2厘米，加350克白糖，煮1小时。中途如果水面低于橙片，就补水。

4. 时间到后再补200克糖，再煮30分钟。

5. 根据所需甜度，补150~200的糖，而后将锅体加盖，放入大约100℃的烤箱余温中，至次日，将橙片取出，沥干切丁。

6. 将橙丁铺平，送入烤箱用100℃炉温烘至半干，即可。

酒渍葡萄干与**酒渍白葡萄干**的做法参考第17页。

材料

❶第一段材料
自家培养酵母（小白）500克
高筋面粉 · · · · · · · · · 450克
水 · · · · · · · · · · · 50克

❷第二段材料
高筋面粉 · · · · · · · · · 300克
细砂糖 · · · · · · · · · · 45克
发酵黄油 · · · · · · · · · 30克
蛋黄 · · · · · · · · · · · 200克

❸第三段材料
高筋面粉 · · · · · · · · · 640克
细砂糖 · · · · · · · · · · 75克
发酵黄油 · · · · · · · · · 45克
蛋黄 · · · · · · · · · · · 640克
即发干酵母 · · · · · · · · 30克
牛奶 · · · · · · · · · · · 140克

❹第四段材料
高筋面粉 · · · · · · · · 1050克
牛奶 · · · · · · · · · · · 400克
蛋白 · · · · · · · · · · 1000克

总重量：10296克

❺第五段材料
蛋黄 · · · · · · · · · · · 60克
蜂蜜 · · · · · · · · · · · 150克
食用橙花水 · · · · · · · · 45克
朗姆酒 · · · · · · · · · · 120克
可尔必思酸乳 · · · · · · · 60克

❻第六段材料
细砂糖 · · · · · · · · · · 500克
海藻糖 · · · · · · · · · · 200克
盐 · · · · · · · · · · · · 36克
新鲜柠檬皮 · · · · · · · · 30克

❼第七段材料
发酵黄油 · · · · · · · · 1500克

❽第八段材料
橙皮干 · · · · · · · · · 1000克
酒渍葡萄干 · · · · · · · · 600克
酒渍白葡萄干 · · · · · 400克

•做法•

第1天 ◢ 制作第一段

1. 将第一段材料搅拌成团。此阶段的面团会很硬，超难搅拌的，如果制作量少的话，拿大擀面棍来敲效果可能还比较好。完成后的面团闻起来有点酸酸的。

2. 放入冰箱冷藏隔夜 12 ~ 16 小时。

第2天 ◢ 制作第二~八段

3. 取出冷藏的面团，静置约 1 小时，使面团回温至 20℃。

4. 与第二段材料搅拌均匀，静置 1 小时让面团松弛。

5. 加入第三段材料，搅拌成团后，发酵至 1.5 倍大。

6. 接着放入第四段材料，搅拌均匀。

7. 第五段材料先拌匀，分三次加入面团搅拌，直到材料被面团吸收即可停止。

8. 第六段材料先拌匀，与第七段的发酵黄油，各分成三等份，轮流倒入搅拌中的面团。

9. 最后加入第八段材料的各种果干拌匀。

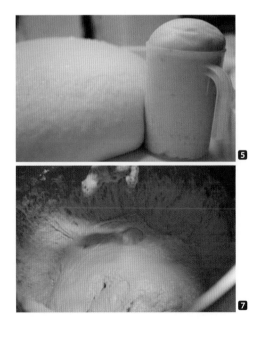

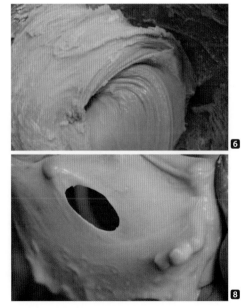

145

Chapter /
memory

记　忆

意大利水果面包
Panettone

My Recipe
洸式面包这样做

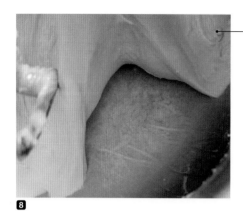

➔意大利水果面包的面团，因为水分、糖分和奶油的含量高，较为湿黏，虽然面团在最终搅拌状态很容易拉起成薄膜，但是仍然要保有弹性与劲道有点难。面团搅拌不足和面团搅拌过度的状态都很接近，多做个几十次也许可以稍微领略；但失败也不用太气馁，我自己也是失败了非常非常非常多次才有一点了解。面团虽然很软，但是若搅拌适当，拉起面团一角就几乎可以将面团拉起来，而不黏钢盆。

8

10. 面团温度要控制在 24 ~ 25℃。面团温度太低，成品会很矮；面团温度太高，烤好的面包会老化很快，口感容易变得干硬。

11. 将面团放入容器，盖上湿棉布基本发酵大约 30 分钟。

12. 将面团翻面（先折三折，接着转 90 度，再对折）这里的面团翻面可以稍微用力一点。

13. 盖上湿棉布，再发酵 30 分钟。

14. 面团称重以每份 350 克分割，用刮板将面团轻轻收起呈圆形。

15. 面团盖上湿棉布，中间发酵大约 20 分钟。

16. 面团整形，用刮板将面团轻轻收起呈圆形，放入纸模。

17. 盖上湿棉布，室温下最后发酵大约 60 分钟。

18. 入烤箱前用剪刀在面团上剪十字形。

19. 旋风烤箱温度事先预热至 150℃，放入面团烤约 30 分钟。如果用一般烤箱大概上下火都设为 180℃，烤约 35 分钟左右。

15

16

18 **1**

18 **2**

19 **1**

19 **2**

Chapter /
memory

记　忆

意大利水果面包
Panettone

stories of my bread
咀嚼一颗故事

茆师傅与我的奇幻之旅

曾有巧克力大师说，巧克力很狡猾，它看似无害、容易掌握、让人感到放心，但总在松懈之际，状况就会发生。自从开始做潘娜朵妮之后，我认为此款面包的狡猾程度可能更胜巧克力。巧克力就像急惊风，对温度极为敏感，但只要及早发现，还是可以及早补救，但是潘娜朵妮却是慢郎中，制作过程是漫长温吞的等待，只能在烤箱"哔"声响起时，才知是大功告成，还是前功尽弃。一旦失败就像变了心的女朋友，再也回不去。

• •

在我与潘娜朵妮交手的期间，许多朋友都不幸成为我的白老鼠，尤其是南投Feeling18巧克力工房的茆晋晔师傅，他更是被波及的头号受灾户。

茆师傅与我相识极早，那时他也是初创业，在南投研究巧克力。我一直有点忘记彼此是怎么认识，那似乎是经由某位同业介绍，可能是觉得这两个不懂节省成本的"耗呆"（闽南语，笨蛋的意思）很像，所以把我们兜在一起吧。那段期间他总是带着新试做来找我，而我则是回馈他同样也是试做品的潘娜朵妮，很感激他抱持着"风萧萧兮易水寒"的心情前来，吃我时好时坏的潘娜朵妮，而且在吞了无数不甚美味的潘娜朵妮后，仍然用很好吃的巧克力来"以德报怨"。

总之，茆师傅与我惺惺相惜。茆师傅在转攻巧克力领域前，也是位专业面包师傅，他在烘焙与甜点领域所拥有的丰富经验，成为我挖掘讨教的资料库，尤其是他邀我一同去意大利学冰淇淋，更是让我有机会真实接触意大利人的饮食，并且验证我的潘娜朵妮是否真如那位常来堂本买面包的意大利客人所说，很有他们的"家乡味"。

为了了解意大利当地的冰淇淋文化，我们飞到位于波隆那的义式冰淇淋大学（Gelato University），特地来学冰淇淋（ice cream）与雪酪（sherbet）。当然，我们两个都是一句意大利话也听不懂的天然台客，为了跟上外国老师飞快（配合夸张肢体语言）的意大利语，茆师傅索性请了一位随身翻译，我们就这样浩浩荡荡地开始了一段奇幻的冰淇淋之旅。

1　2
　3

1. 和苪师傅开心享用丰盛的法式早餐。

2. 在法国学习蛋糕制作的苪师傅。

3. 在意大利指导我们学习冰淇淋的老师（左），同时也是传统冰淇淋名店的第二代传人。

149

Chapter /
memory

记　忆

意大利水果面包
Panettone

stories of my bread
咀嚼一颗故事

• •

　　在意大利期间，我深深感到生活在不同背景，对于天气、海拔、压力、时空等环境的感知，确实会影响一个人对饮食的表达。从未去过意大利的我，从朋友口中耳闻意大利人与台湾省的人很相像，虽然我们的热情、随性与讲话大声的部分的确很雷同，但我从意大利人的身上，却发现身为中国台湾人得天独厚的特质。

　　出于对家庭的忠诚、对老祖母的怀念、对味道的惯性，意大利人对于"食物的传统"有着莫名坚持，他们对诸多料理的配方立下不容改变的规矩，这也使得他们对风味的想像，无论从什么领域或角度出发，都会依循着抛物线般的定律，回到始终不变的原点。台湾地区的人虽然也有传统食物，但我们对食物的态度却很开放，这可让意大利人惊讶极了。

　　譬如说，课堂上意大利老师要我们用仙人掌果实来做冰淇淋，由于欧洲仙人掌果实的滋味很平淡，让我觉得很像不甜的西瓜，我想要增添整体的风味，很自然地向老师要了一点盐加进去。

　　还记得意大利老师怀疑的眼神，以为我是不是搞错了sale（盐）与zucchero（糖），但是当他吃到成品时，张着他深邃迷人的大眼睛不断点头的样子，实在令人记忆深刻。还有一次，是老师教我们做意大利杏仁酱冰淇淋，茆师傅和我联想到甜点里面常见的组合，于是把杏仁酱、肉桂与柳橙等加在一起，做出一款"怪怪的"冰淇淋，老师与同学吃了直呼：Inconcepibile（不可思议）！

　　事后回想，我们去意大利学冰淇淋的那段日子，与其说是去取经，倒不如说是去吓意大利人一跳？

• •

　　我时常觉得我能与茆师傅一拍即合，可能是因为彼此的养成背景有些类似之处。茆师傅因为成名早，很快就变成业界的"大腕"，各种不同层级的人事物都接触过，因为看得多了，对于贵贱好坏的分辨，自然不受影响。而我虽不像茆师傅那样，却因为过去从事音响行业的关系，多次与身价上亿[①]的客人交手，久之也懂得怎么从中抽离。

150　　编者注：①指新台币。

左：课堂上和老师研究仙
人掌果实。
右：到法国研习巧克力制
作的苏师傅，开心地和法
国巧克力学校校长合照。

住在山顶上虽然风光美丽，但狂风暴雨之际，也有别人所不能理解的辛苦。像苏师傅这样无论在专业上或是地位上都走到顶峰的人，很少人有能耐或是有勇气给他建议。这样的人想要找到可以对话的人，想要知道一些事实，却意外困难。当大头家遇到我这个屁颠屁颠，老是出些馊主意的，他哪里有厉害的、好吃的、最新的，通通不吝惜分享。

可能是因为感觉这条路上有人相伴，苏师傅每次见到我都很高兴。

"阿洸，还有什么？"

"阿洸，我们来去！"

"阿洸，来试看看！"

我们就像燃料与推进器，凭着一股热度飞了几个国家，建立起饮食的世界观。我们在饮食的国度里，一起探索、分享、学习、恶搞。正是因为我们对食物的判断很直观，不太会受到外在价值的影响，所以才能如此有默契吧。

• •

犹记得，我们在意大利餐馆里，把美味的巴萨米可醋拿来加进气泡水喝，那服务生看了简直要晕倒的表情（想象是看到外国人把酱油拿来喝），实在有点好笑。这一点点小事，就足以看出苏师傅与我的味觉游戏，玩得有点嚣张吧。

不过，我真正想说的是，创意往往来自破格之举，就像西瓜与盐巴、巧克力与面包、冰淇淋与烘焙，你永远不知道谁会成为谁的缪斯。

151

找回慢速熟成的美好

像是一个交响乐团在口中甜蜜演出，
在唾液与面包的交会中，
维瓦尔第的《四季》在耳际响起，
每一个音符都在牵动感官。

史多伦

Stollen

我在人生初次到东京习艺的期间，
遇见了惊为天人的美味，史多伦。
史多伦的做工繁复，完成之后还
得经过陈酿，才能孕育出熟成的
味道。与史多伦对话的过程中，
我学会放下急躁，培养出耐心，
它让我懂得放慢速度品尝，不管
是面包，还是人生。

Chapter /
memory

记 忆

史多伦
Stollen

My "Bread" storming
面包，我是这样想的……

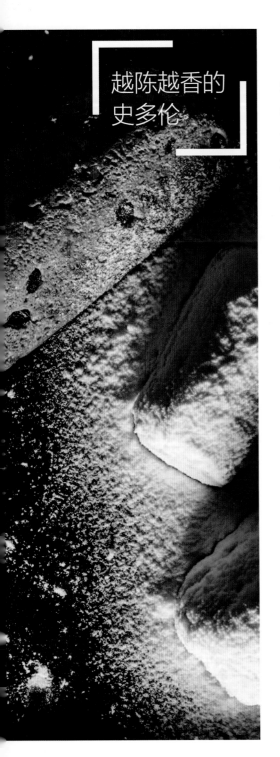

越陈越香的
史多伦

从1995年起史多伦协会每年都要选出史多伦女孩（Stollen Girl），史多伦女孩除了美丽以外，还得要对史多伦面包负起大使的责任，接受电视和广播访问啦，跟观光客介绍面包的历史、做法，以及合照等，而每年欧洲史多伦季也都是由史多伦女孩宣布开始，对于处事严谨的德国人来说，可以动手做史多伦的这一天，可是非常开心的日子。

传说中自1329年即有史多伦（官方承认的纪录是1474年），而人们刚开始制作史多伦并不是为了庆祝耶稣诞生，只是为禁食节准备食物而已。因为宗教的原故，最早的史多伦连黄油与牛奶都禁止使用，直到1491年在萨克森的王子们向教皇提出申请，才获准将黄油加入史多伦，而奠定了今日的风味。（这个故事真的很好玩，想想现在的配方，想用什么材料都不需要经过允许，真的是很幸福自由！）

基于信仰理由，史多伦在欧洲各个国家是相当被看重的一种面包，不管是举办各种史多伦女孩选拔，还是打破各种史多伦吉尼斯世界纪录，每到圣诞节前夕，关于史多伦的庆典疯狂举行，可见一斑。据说1500年时，德勒斯登（Dresden）地区正式在圣诞市集上贩售史多伦这款面包，这段历史使德勒斯登人对自己的史多伦独有一份骄傲，自认为是史多伦"正统性"的守护者，因此立下了"德勒斯登认证"标准，规范史多伦的配方必须是含有50%黄油、20%蜜饯果干、15%苦甜杏仁，尽管立有规范，但每家面包店却各自演绎经典，形成百家争鸣的盛况。当然，堂本参与国际盛事不落于人，也推出属于自己的史多伦。

堂本的史多伦面包除了上述材料，还加了橘皮蜜饯、葡萄干、甜苦杏仁、柠檬皮、果子甜面包香料和烈酒，最重要是依循传统，在面团烤熟后还浸润了澄清黄油（澄清黄油是指水分煮至完全蒸发的黄油，过程中会赋予黄油如同烤榛果的香气），最后再用厚厚一层糖粉包裹起来。披覆油脂的香气外衣，史多伦变得相当耐放，且越放越好吃。再加上烘培后，泡渍过烈酒的果干馅料会伴随酒精挥发，释放出果香，所以史多伦从出炉起，每一刻的味道都在转化。

偏好浓郁醇香味道的人，将史多伦买回家后会放入冷藏存放一个月，等待香气全然释出再来吃。经过熟成的史多伦，酒渍果干的成分会逐渐渗透，在面包表面形成斑点，上了年纪的史多伦虽然不美貌，但却有着无可取代的岁月滋味，那是美味的保证。热爱登山的客人会特别向我们订制史多伦，说那是让人充满求生意志的能量棒，甚至有客人会特地存放个半年，再带来与我们分享，宝贝似地炫耀他的老史多伦，那个滋味"香啊！"

考察史多伦的由来是一件很有趣的事情，关于史多伦的名字，德国人倒是没有交代什么正确的史实，又是一片众说纷纭。原来"Stollen"这个字的意思是"隧道"，有的人说是因为威尔士山脉矿工们觉得史多伦的形状像隧道，也有的人说是这形状象征圣婴被包裹着。

为了研究如何做出比东京帝国大饭店的史多伦更好吃的史多伦，我花了6年时间读书研究，我想我爸妈大概不能明白为什么当年我读书读得那么痛苦，现在却可以为了史多伦"衣带渐宽终不悔"。其实，只要尝一口，也就不是那么难明白了吧。

Chapter /
memory

记 忆
Stollen

史多伦
My Recipe
洸式面包这样做

My Recipe

史多伦

份量：5条

A
面团

材料

❶第一段材料

高筋面粉·······206克
鲜酵母·······46克
牛奶·······206克
红酒·······143克

❷第二段材料

高筋面粉·······794克

❸第三段材料

糖·······95克
盐·······7克

蛋黄·······50克
发酵黄油·······392克
杏仁膏·······178克

❹第四段材料

酒渍葡萄干·······380克
酒渍（白酒）蔓越莓··380克
桔皮·······180克
市售干燥柠檬皮粉··57克
（或新鲜柠檬皮屑20克）
肉桂粉·······6克
总重量：3120克

<备注> 酒渍葡萄干与酒渍蔓越莓的做法可参考016页。

B
馅料和
表面料

材料

杏仁膏 ·······400克
糖粉·······适量
无盐黄油·······2000克

· 做法 ·

◢ 制作主面团

1. 将第一段材料混合均匀。

2. 将第二段面粉倒入盆内，覆盖于做法1材料上，静置60分钟。

➔ 此时不须搅拌，覆盖材料只是为了保护面团不会风干，在等待的过程中，覆盖在上面的面粉会因为底下的面团发酵膨胀出现龟裂纹路，为正常现象。

3. 稍微混合均匀，再加入第三段材料混合均匀，略成团即可，静置60分钟。

➔ 此步骤混合均匀就好，不须成团，史多伦制作过程如果过度搅拌，会产生太多筋性，不好吃。

❶

4. 倒入第四段材料，混合成团即可。

5. 将 B 组材料中的杏仁膏分成 5 等份，每份 80 克，揉成条备用。

6. 将面团称重依每份 550 克分割，而后将面团擀开，包入杏仁膏。（若要制作小份，则面团 240 克，杏仁膏 40 克。）

7. 面团放入长 24x 宽 17x 高 11（厘米）烤模，或用铝箔纸包起来，放在室温下或是发酵箱中，最后发酵约 60 分钟。

159

Chapter /
memory

记　忆

史多伦
Stollen

My Recipe
洗式面包这样做

8. 旋风烤箱预热至 170℃（一般烤箱大约上下 200℃），将面团放入烤焙 30 分钟。

9. 烤好的史多伦整条泡入焦化黄油（制作方法见下方）5 ~ 10 秒即捞起。如果不打算将史多伦保存太久，也可用刷子刷上黄油就好。

10. 将史多伦裹上厚厚的糖粉，稍微压紧，用保鲜膜包起。

11. 至少放置 1 周再来吃。

9①   9②   9③

▲ 制作焦化黄油

1. 将 B 组材料中的无盐黄油放入锅中，以中火加热。

2. 煮到黄油熔化，过程中将黄油表面浮起杂质捞出，续煮到色泽变成浅褐，散发出坚果香气。

3. 准备一个大锅，装盛冷水。将完成的焦化黄油移到冷水锅中，隔水降温至室温，降温太慢坚果香气会跑掉。

①

Chapter /
memory

记 忆

史多伦
Stollen

stories of my bread

咀嚼一颗故事

菜鸟面包师的东京飞行日记

你有没有吃过一种东西，那惊艳全场的滋味就宛如绝世名伶登台，举手投足都令全体感官为之倾倒，甚至魂萦梦系了起来？2000年我在东京与圣诞面包史多伦（Christollen 或Stollen）初次相遇，我和它就是这样天雷勾动地火，一发不可收拾。从此以后，那瞬间深刻的味蕾惊艳让我害上了相思病，幽魂般地缠绵纠葛了我许多年；而心心念念的这个味道，也推促着我加紧脚步精进，成为独当一面，可以与之匹配的面包师。

```
1  2
   3
```

1. 日本老师带我们观摩东京帝国大饭店，与主厨金林达郎开心合照。

2+3. 2000年我来到东京的日本面包技术研究所进修。

无论古代或现代，做面包都是一门很劳累的工作，不仅每人两只手得要像机器那样一直做一直做，忙碌起来一天只能睡两三个小时更是家常便饭。面包师傅谈起自己的生活，那真是苦不堪言："光是休息都不够！"在这种情况下，更别谈放下工作去进修了。

我的面包自学之路上，有几段极为幸运的经验，那就是到日本、法国与意大利习艺，这是由于我从事烘焙业的背景特殊，几乎是在没有传统师徒制的师傅带领下，独自摸索踏入这一行；再加上我是独立创业的，从店的经营方针到要卖什么面包完全都是100%任性而为，因为少了"这个不可以，那个不可以"的限制，比起在面包店上班的面包师傅，我有更多可发挥的空间，要是想去哪里习艺，任性地把店门一关，可以说走就走。

几次到国外进修的经验当中，在东京的面包技术研究所的短期进修，奠定了我对面包的"理性"，到法国习艺，则是激发了我对面包的"感性"，而后续到比利时、意大利、西班牙，则是拓展我对巧克力与冰淇淋的认识。我向来认为没有所谓天马行空的创意，许多事物早已存在，但人们却没有去发现，以至于花费太多精力摸索方向。

我的职业虽然是个面包师，但制作面包只是我表达的一种方式，却不是全部，所以对于料理的任何学问，都是我渴望知道的。

出发去东京之前，我的堂本面包店还没开张，那时我只是用家庭小烤箱做些小甜点卖给咖啡馆，而所有烘焙的学问与技术都是从看书学来的，距离纯熟还有一大段路要走。当时，我认识了罗拉蛋糕的老板施子文，他告诉我有个材料商想举办日本面包见习课，

问我有没有兴趣参加。我心想，创业前多见见世面也好，便也就答应了。

然而，在这短短一周的集训中，却带给我前所未有的震撼，使我对面包的想法与做法全然改变。

课程中，我们观摩东京帝国大饭店的厨房，这家坐落在皇宫区的大饭店拥有上千个房间，每天要供应几千人用餐，当中供应面包和蛋糕的部门规模之大和设备之先进，让当时还是新手的我像刘姥姥进了大观园。

我看见日本老师对制作面包的过程，从称料、搅拌、发酵、分割列烘烤，各个细节考究和放大的程度，简直到了乌龟长了几根毛都得细数过，此外，还要加上编号来分类管理。这时我才明白，关于面包技术的科学，竟可以被记录到如此深入。

比方说，光是"搅拌"就被归结出许多方面，例如水或牛奶的温度、室内的温度与湿度、手的温度、搅拌机器运作的温度，而搅拌的速度、次数、顺序则是依照不同面包有不同数据。老师在上课时，总是不厌其烦地叙述面团分割的大小如何影响成本与口感，而整形的长短圆扁大小和使用的力道劲道，要如何拿捏才能做出期待的软硬度。

这些细节上的讲究，来自于日本职人面对工作时的全心投入，而这种态度也深深影响了我。

从东京回到台湾，我所做的第一件事情就是把自己学到的拿出来反复练习，直到双手深刻记忆为止。足够的熟练可以让人不容易出错，就像一条路反复走上十年，即使闭着眼睛走也不容易迷路那样。

印象最深刻是，观摩东京帝国大饭店的那一天，也是我跟史多伦初相遇的一天。我记得当时的主厨金林达郎送我们一颗史多伦。当我咬下第一口史多伦，那感觉就像是触电一样。新鲜水果做成的果干，散发出丰富的香气，有渍橘皮的苦香、葡萄干的酸香、杏仁的甜香、白兰地的酒香，这些融合在小麦面粉与酵母的香气中……越是咀嚼越是在口中不断释放，有如万花筒旋转出的千滋百味，层次繁复又变化无穷。

那面包该怎么说呢？乔斯坦贾德在《纸牌的秘密》这本书中形容"彩虹汽水"的味道，这样写道：尝上一滴这种汽水就仿佛会经历过世界上所有最美好的事情。而史多伦面包也给我这样的联想，是足以形容世界美好一切的代名词。

自2006年完成史多伦创作，每年都有从事贸易的客人向我们订购大批史多伦送给德国的客户，当我知道自己的史多伦可以获得德国人的认同，也深深觉得骄傲。每年过了中秋节，堂本就会开始制作史多伦，一直到隔年的三四月才渐渐停止。有住在台湾的德国客人来堂本买面包，虽然觉得不在圣诞节却有史多伦很奇怪，但能经常满足自己对家乡的思念，也为此开心接受。

堂本的史多伦季虽然没有"旬味①"，但能够时时刻刻为客人带来满足，也是相当浪漫的一件事吧。尽管我没有去过德国，也没有吃过德国史多伦，但在不断练习与验证的过程中，发现"风味的平衡"适用于任何国度与任何人种，可说是实证了料理的通用法则吧。

编者注：①这个词来自于日本，指的是根据时令选择新鲜食材烹制成的美味。

不设限的
复活节礼赞

编者注：
① 嘉南平原位于台湾西南，日照充足，有"谷仓"的美称。
② 这两句闽南语的意思是：小孩子学着炼黑糖，边煮边偷吃的滋味。

这是复活节面包、
吐司与台式面包的综合，
他的香气苦中带甘，
像是嘉南平原①的老夏天，
细汉囝仔学炼黑糖，
哪煮哪偷呷的滋味。②

黑糖面包

Brown Sugar Bread

很多人问我，黑糖面包算是台式面包，还是欧式面包？说实在，我自己也不知道。关于食物，我并没有给自己设下太多的限制，我认为不同的食谱或是做法，就像是不同的交通工具，也许是船，也许是脚踏车，也许是飞驰的高铁，都可以载着我去心里向往的地方。

编者注：台湾说的"黑糖"一般就是大陆说的"红糖"。

Chapter /
memory

记　忆　　黑糖面包
　　　　　　Brown Sugar Bread

My "Bread" storming
面包，我是这样想的……

爱的堂本流
补身妙方

登本パン店

　　这一款黑糖面包是我为太太做的。她因为长年埋案读书，气血郁闷，身体虚弱，每到冬天经常手脚冰冷。当我知道乡下妈妈有熬老姜黑糖给女儿补身体的妙方，我就想要是我做黑糖面包给她吃，她的体质一定会改善吧？

　　为了做出这款黑糖面包，我尝试了许多种不同的黑糖，最后找到了一款用有机栽培甘蔗做的手工黑糖，完成了我的第一号"爱的面包"，而太太的身体也在此款面包的调养下，气色健康红润了起来，而至今黑糖面包仍然是堂本面包店很畅销的一款面包。

　　黑糖面包说来难以归类，配方是以水、面粉、黄油、糖组成，基本上是以吐司面团为基础去做调整，但最终成品却完全不像吐司，可说是我凭空想象出来的堂本流面包。

　　我在研发黑糖面包的时候，最初只是将黑糖与葡萄干加进面团，虽然这样烤出来的香气不错，但是总觉得吃起来有点无聊，没有什么乐趣。我左思右想如何丰富面包的口感，意大利复活节面包（Colomba Pasquale）给了我灵感。我想到复活节面包上的杏仁糖霜，咬起来脆脆香香的，如果将它运用在黑糖面包上面应该会很不错，于是便有了创意雏形。

My Recipe

黑糖
面包

份量：17颗

A
面团

材料

烫面‥‥‥‥‥608克
高筋面粉‥‥‥696克
奶粉‥‥‥‥‥30克
自家培养酵母（小白）‥200克
鲜酵母‥‥‥‥30克
蛋黄‥‥‥‥‥34克
蛋白‥‥‥‥‥66克
水‥‥‥‥‥‥273克
黑糖‥‥‥‥‥170克
发酵黄油‥‥‥50克
盐‥‥‥‥‥‥20克
酒渍葡萄干‥‥400克
总重量：2577克

<备注> 烫面的材料与制作方式请
见下方与下页。

B
烫面

材料

高筋面粉‥‥‥304克
沸水‥‥‥‥‥304克
总重量：608克

C
杏仁
糖霜

材料

杏仁粉‥‥‥‥500克
糖粉‥‥‥‥‥340克
蛋白‥‥‥‥‥380克

D
表面
装饰

材料

杏仁碎‥‥‥‥少许
糖粉‥‥‥‥‥少许

◆ 做法 ◆

第1天 ◢ 制作汤种面团

1. 将沸水与面粉混合搅拌均匀。

2. 趁热将面团用塑料袋包好，移至冰箱冷藏隔夜。

第2天 ◢ 制作杏仁糖霜

3. 将所有材料搅拌均匀。

4. 完成之后的杏仁糖霜装进挤花袋备用。

➔ 杏仁糖霜因为含有蛋的成分，制作完毕不马上使用的话要冰起来，而冷藏后的杏仁糖霜，因为杏仁粉具有吸水性，质地会变得较干，使用前可酌量加入蛋白，调整至适合的柔软度。

◢ 制作主面团

5. 黑糖倒入平底锅，开小火干炒，炒至大约有一半的糖熔化就可以加入配方内的水融化黑糖，冷藏备用。

➔ 我用旧时炒糖的方法，将黑糖再炒过，之后再用水溶开来做面团，这个步骤看似普通，却是关键！因为黑糖有没有炒过，香气差很多！另外，我试用多种黑糖后，最终觉得"张锡彬手工黑糖"[①]很不错，也推荐给大家。

6. 将汤种面团切成小块，与所有材料（除了黄油与酒渍葡萄干）一起搅拌，面团不黏手时，即可加入黄油。

➔ 因为每一种厂牌的面粉都有不同吸水性，搅拌时面团有时会过于湿软，不妨在此步骤中先加一半的糖，另外一半则与黄油分次加入。

7. 搅拌到黄油被面团吸收后，面团拉开可以呈现薄膜状，即可再下酒渍葡萄干继续搅拌到均匀就好了。

8. 将面团放入钢盆，盖上湿棉布基本发酵大约 60 分钟。

9. 面团称重以每份 150 克分割，滚圆。

10. 将面团放入钢盆，盖上湿棉布中间发酵大约 30 分钟。

11. 面团整形，将面团擀开呈长条形，向内卷起后呈椭圆形。

12. 在烤模内铺上烤盘纸，面团放入大约 15.5（长）x9.5（宽）x5（高）（英寸，1 英寸 ≈ 25 毫米）烤模，盖上湿棉布在室温下最后发酵 30 分钟。

13. 在面团表面挤满杏仁糖霜，撒上糖粉与杏仁碎。

14. 旋风烤箱预热至 160℃（一般烤箱则为 180 ~ 190℃），放入面团烤焙 20 ~ 25 分钟。

5

编者注：①产于台湾台南市的品牌。

困梦中的甘蔗园

一天，店门口停了一辆计程车，司机熄火下车，走进店里赶紧挑了几块面包。在等结账的时候，他跟柜台的阿香姐说，要找我。

我在堂本后面的小厨房忙得汗流浃背，听阿香姐描述这位指名要相见的客人，我脑海里实在没有太多的印象。不过，就趁机到前面的店铺吹吹冷气吧。

"师傅，是我！"才走进店里，一张陌生的脸陡然跳进眼帘，热切地招呼。我还没启动记忆搜寻引擎，脸的主人就紧接着说："你还记得金阿姨吗？"

我想起来了。这位司机大哥曾帮金阿姨开过车，有一段时间经常载着她来买面包。金阿姨每次来，必定买黑糖面包。

这位司机大哥说，他是专程来我这边买面包的。他语气顿了顿，突然收敛起笑容，"我来——是为了跟你说金阿姨的代志①。"

· ·

我第一次看到金阿姨，她是在看护陪伴下来买面包。金阿姨病容奄奄，但是穿着打扮气质高贵，看起来出身不凡。

那时，黑糖面包刚好出炉，我就拿了些请她试吃。金阿姨仔细闻着面包所散发出来的浓郁香气，抬起头来用夹杂着闽南语的国语跟我说，这个面包的气味亲像伊细汉的时候，住仁嘉义的甘蔗园。

"你做的面包真好呷！"金阿姨频频称赞，我听了高兴地搔搔头。

身为一个做食物的人，这一刻是最喜悦的。我喜欢被赞美，我为了被赞美，持续做好吃的面包。对我来说，这样的赞美永远不嫌多。

· ·

我再看到金阿姨时，随行的看护从一个变两个，一左一右搀扶着她走进店里。

174　　编者注：①闽南语，意思是"事情"。

金阿姨见到我，跟我说："我跟荣总的医生说，我要吃堂本做的面包身体才会觉得卡爽快！所以，医生就准我的假，让我来了。"当时正是盛夏时节，我注意到金阿姨穿着不太薄的外套。

"是不是冷气人强了？"我正想请阿香姐调整空调，阿金姨便摇摇手说，伊这是因为身体不好。原来，金阿姨是癌症晚期的患者，因为化疗关系，身体变得虚弱，才会"包卡像肉粽"。

我想到她强忍着病痛来买面包，觉得很心疼。我就跟金阿姨说，想吃什么就打电话给我，我给她送过去。

"不用！不用！我让司机来帮我买就好，你把面包做好卡要紧。"说着，便在看护的

搀扶下缓慢离去。

· ·

"师傅啊，你做的这块面包有太阳的香味喔。"我记得最后一次看到金阿姨，她这么说道。

她告诉我，小时候她的父亲因公派驻在嘉义，她住在那边曾经认识了一个蔗农家的男孩，那个男孩爱带她去甘蔗田里玩，还领着她一起炼黑糖。"嘉义的太阳好温暖，甘蔗炼成的黑糖好香……"凑近鼻子闻着面包的香气，金阿姨的目光变得深邃，像是穿越了时光，唤醒遥远的过去。

金阿姨默然无语了一会儿。"啊，然后咧？"我问她。她笑一笑，说："我们那时候金少年呢。"

那天，她特别多买了几个黑糖面包，临走前还一而再、再而三地交代："少年耶，身体要好好保重喔。"

在看护的搀扶下，金阿姨缓缓步出堂本，她眯起双眼细语道："日头真水（太阳真美）！"那细小的呢喃与身影便消失在巷口的斜阳下，我还记得她说话的语气，以及脸上总流露着一种难以形容的复杂神情。

· ·

"你还记不记得金阿姨？"司机大哥问。我说我当然记得她。

司机大哥絮絮叨叨又说了，他因为常载金阿姨来买面包，才知道了这条小巷里有面包店。有时候金阿姨会多买几块，说是要送给他的小孩吃，因为这样的关系，他也吃到几块堂本的面包。

"我没有想到面包也可以这么好吃，今天是特别来买面包给小孩的……"司机大哥说着些不着边际的话，忽然间，他语气一转，唐突说道。

"金阿姨已经往生了。"

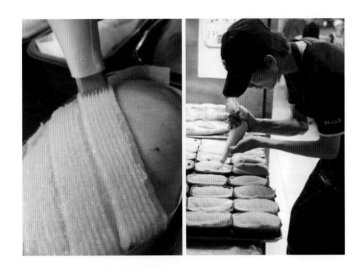

突然间，我听了有些不知所措。尽管我明白人生苦短，但这消息仍然令我伤感。

• •

　　我是自学出身的素人面包师，虽然没有特别拜过师学过艺，但若真要说我的师傅是谁，我想像金阿姨这样的客人，就是我的面包导师吧。

　　尤其当双脚因为长时间站立而酸痛不已的时候，我就会想想客人们品尝面包的神情。就是这么简简单单一句"金好呷！"，满足我莫大的虚荣，给予我继续奋斗的勇气。

　　结束又一天的辛劳，我坐在店门口吹着凉凉的晚风。今天，我多塞了两块黑糖面包给司机大哥，我说："这是金阿姨最喜欢的一款面包，她不在，我想代替她送给孩子。"

　　我默默地在心里面想，死亡从来不会是一个结束，生命会以另外一种形态延续吧？有些事或许我这凡夫俗子不能理解，但我愿金阿姨结束了这个世界的旅程，放下身体病痛带来的折磨，可以在另外一个世界安然享受着天堂里的温暖，在阳光底下享受甘蔗田里传来的阵阵甜香。

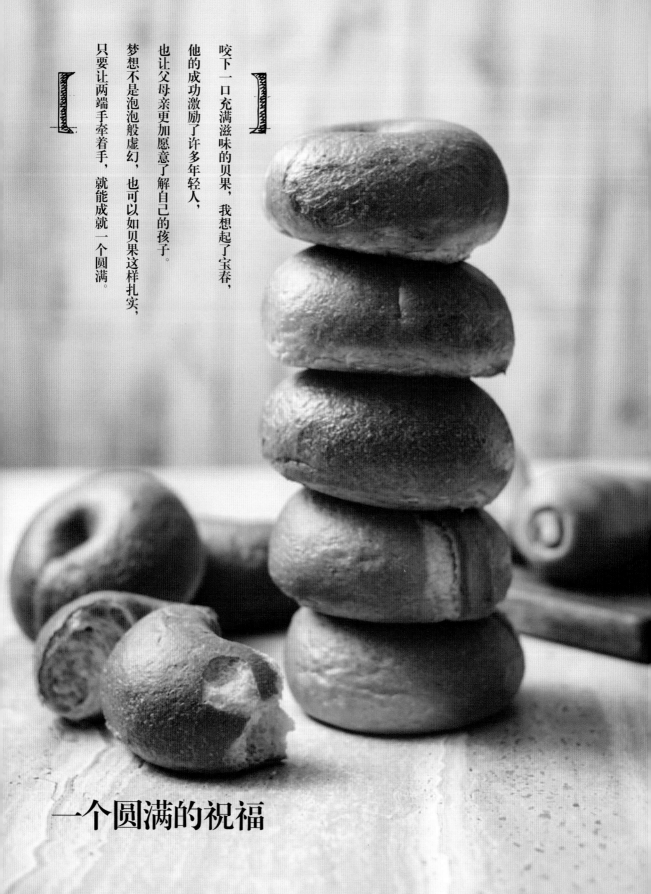

咬下一口充满滋味的贝果，我想起了宝春，他的成功激励了许多年轻人，也让父母亲更加愿意了解自己的孩子。梦想不是泡泡般虚幻，也可以如贝果这样扎实，只要让两端手牵着手，就能成就一个圆满。

一个圆满的祝福

贝果

Bagel

来自台湾土地的胡萝卜，以及
东洋学习到的烫面技法，还有
宝春与我的天马行空，这些加
在一起做出的美味贝果，是我
们献给孩子们的礼物，希望他
们吃了健康成长，也祝福将来
的某一天，他们也能把梦想变
为现实。

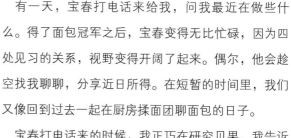

宝春流
胡萝卜贝果

有一天，宝春打电话来给我，问我最近在做些什么。得了面包冠军之后，宝春变得无比忙碌，因为四处见习的关系，视野变得开阔了起来。偶尔，他会趁空找我聊聊，分享近日所得。在短暂的时间里，我们又像回到过去一起在厨房揉面团聊面包的日子。

宝春打电话来的时候，我正巧在研究贝果。我告诉宝春我想研发出一款孩子也爱吃的贝果，而且要用小孩子最讨厌的胡萝卜来做。宝春告诉我，他曾经把日本烫面的手法用在贝果上。"口感很不错喔，孩子应该会喜欢吧！"他兴奋地说，建议我试试。

烫面原是中式面食独有的技法，烫面顾名思义是用热水来搅拌面粉，这会让面筋被热水烫熟，使得吸水性大增。烫面技法通常用于饼类面食，像是葱油饼或抓饼等，用的就是这样的技法。有趣的是，精通中式与西式料理的日本人，利用"烫面"的锁水特性来做面包，使得面包吃来格外湿润有弹性，因而研发出像是汤种吐司这类相当符合亚洲人口味的产品。

从日本习艺回来，我运用烫面手法研发了各式各样的面包，却没想到这也可以运用在贝果上，就在我苦思研发之际，宝春一语点醒了我。于是，我将传统贝果水煮手法加入烫面技巧，可以做出孩子们也能接受的柔软口感。在配方上，我则是参考了果蔬汁的组合，使用胡萝卜汁代替水，并且添加少许柳橙汁与蜂蜜提味。尤其面团经过烤焙后散发出一股淡淡的焦糖香，让孩子们忘记了对胡萝卜的讨厌，不禁大口大口吃了起来。

181

My Recipe

胡萝卜贝果

A
胡萝卜泥

材料

胡萝卜丁‥‥‥‥‥‥‥‥321克
柳橙汁‥‥‥‥‥‥‥‥‥66克
蜂蜜‥‥‥‥‥‥‥‥‥‥39克
总重量：426克

B
面团

材料

高筋面粉‥‥‥‥‥‥‥‥713克
烫面（见下页备注）‥‥65克
自家培养酵母（小白）107克
盐‥‥‥‥‥‥‥‥‥‥‥12克
黄糖‥‥‥‥‥‥‥‥‥‥33克
鲜酵母‥‥‥‥‥‥‥‥‥30克
蜂蜜‥‥‥‥‥‥‥‥‥‥43克
胡萝卜泥‥‥‥‥‥‥‥‥425克
橄榄油‥‥‥‥‥‥‥‥‥58克
总重量：1486克

C
**煮贝果
的糖水**

材料

水‥‥‥‥‥‥‥‥‥‥‥1000克
黄糖‥‥‥‥‥‥‥‥‥‥50克

＜备注＞ 烫面时，准备210克沸水和180克高筋面粉，一起拌匀，而后用保鲜膜密封，室温（约28~35℃）中放约半小时自然降温，而后放到冷藏室中可保存3天。（分量要多做一些，以免热水降温太快，不能充分烫熟面粉。）

◆ 做法 ◆

◣ 制作胡萝卜泥

1. 将A胡萝卜泥所有材料用调理机打成泥备用，没使用完可以冷冻保存。（我觉得这样就很美味了！生机饮食者好像也可以参考此组合来调制饮品。）

◣ 制作主面团

2. 将面团所有材料与做好的胡萝卜泥一起搅拌均匀，至面团光滑拉开呈现薄膜。贝果面团比较硬，需要花比较多时间搅拌，同时也因为搅拌比较久，很容易让面团温度变得过高，因此建议所有材料在搅拌之前可以先冷藏1～2小时再开始作业。

3. 面团放入钢盆盖上湿棉布，室温下基本发酵大约60分钟。

4. 面团称重以每份120克分割，滚圆。

5. 面团盖上湿棉布在室温下，或是放进发酵箱，中间发酵大约30分钟。

2 1

2 2

4

◢ 面团整形

6. 将面团轻拍扁、擀平，翻面，底部稍压薄以利于后面黏合，从前端卷起，揉成长条形。

7. 将面团头尾衔接成为一个圆圈，一端开口用手压扁，黏在另一端开口上。记得接缝要捏紧。

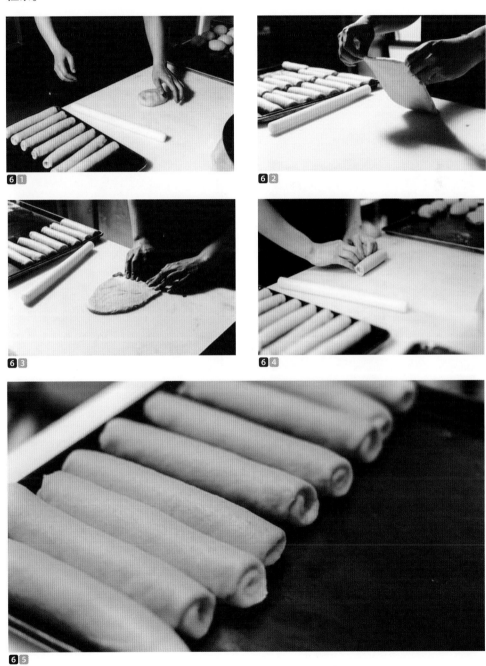

8. 面团盖上湿棉布，在室温下，或是放进发酵箱，最后发酵 30 ~ 40 分钟。

◢ 煮面团

9. 起锅煮水，依比例加入黄糖，制作煮贝果的糖水。

10. 待水煮沸后，将贝果面团轻轻放入，注意一次不要放入太多，否则容易受热不平均或沾黏。

11. 面团一面煮 30 秒左右，翻面再煮 30 秒，待两面面团烫过后捞起直接放置烤盘中。

12. 烤箱预热，上下火 200℃（旋风烤箱预热至 170℃），放入面团烤 12~15 分钟。

186

我与宝春的
冠军面包

吴宝春是我的好朋友。在他拿到世界冠军后，我知道很多朋友都好奇我的感觉，但可能是怕伤害我，也可能是怕冒犯了我，所以不敢当面问我。有些人会很间接地、很迂回地、很客气地问："你怎么不跟吴宝春一样去参加比赛？"而亲近的朋友更是直截了当地说："你不会嫉妒吴宝春吗？"

一而再、再而三地面对这些问题，身为当事人似乎有必要开个记者会好好说明，在此我要郑重澄清，我真的不嫉妒吴宝春，嫉妒不是我的风格，也不是我应该有的风格。在我还是菜鸟的年代，有人在听到我的困难之后，马上放下手边的工作来帮助我，把所知道的一切教导给我。

堂本能走到今日，绝对不是我一人的功劳，创业路上我已深受恩泽，我没有任何一点资格可以嫉妒宝春。

· ·

宝春拿到世界冠军后，在很多访问和文章中都提到我的名字，并且谦称我是他的师傅。关于"吴宝春的师傅"的名号，我个人觉得听来像是武侠电影里的白眉道长，感觉起来像是个躲在深山练功的老头子，应该是手持羽扇、仙风道骨的模样，时不时卖弄玄虚，直到徒弟面临大敌时，授予锦囊妙计或秘笈一本，好让弟子出去比赛，为师门扬眉吐气。

关于这样的形象，我亲爱的老婆一直很介意，因为她始终认为我又年轻又高又帅，比刘德华还要迷人。事实上，我跟传说中"吴宝春的师傅"形象相差甚远，我与宝春是共同成长的好朋友，我们的年纪相仿，彼此互相学习，并非师徒关系。

在林正盛导演的电影《世界第一麦方》当中，基于戏剧效果，关于我的角色被诠释得很机车，戏里有一幕演到宝春带着他的面包来找我时，我吃了一口就当面吐掉，事实上我还是有客气地掩嘴，而不是这么没卫生……而剧中提到宝春来向我讨教味觉秘密时，我故作姿态不愿告诉他，那更不是事实！

189

真实的版本是，当宝春来向我讨教时，我这样的素人竟然能让业界大有名气的师傅感到好奇，我几乎惊讶得"花容失色"，恨不得立刻把自己知道的通通告诉他，哪还有空想什么藏私呢！

大家问我为什么不想参加比赛，我想我这辈子都与比赛无缘吧，因为我从小就非常、非常、非常讨厌考试，我一直认为会就会、不会就不会，但为什么要考试？就算要考试，成绩出来为什么又要排名？像我这样罹患"教育环境适应不良症候群"的孩子，考试对我而言是很痛苦的一件事。所以当长大后，有一次看见《商业周刊》写的报导，提到芬兰这个国家学生考试是不排名的，我马上钦佩起自己有超越时代的先知眼光。

因为我自己是这样的性格，对于宝春敢于接受挑战的勇气，我深深觉得佩服，而当他得到世界冠军之际，我更是打从内心替他感到骄傲。宝春拿下欧式面包冠军杯的意义深远，这件事情不仅扭转了他的人生，他的故事也感动了许多人的心，甚至改变了整个台湾的面包界。

以前面包师傅被认为是没出息的行业，任何父母都不希望自己的孩子去做面包，也没有人相信一位面包师傅能够有多大成就，但宝春化不可能为可能，证明了出身贫穷、没有学历的孩子，也可以在各行各业，靠着后天努力扭转出奇迹。

我觉得宝春的得奖是上天给台湾这块土地的一个很好的祝福，它让许多母亲得到了荣耀，认识了自己身为一个母亲的价值，也让更多年轻人确定地知道，就算你没有资源、没有背景，只要肯努力，全世界都会来帮助你。宝春让更多年轻人知道自己存在的价值，也让很多父母亲重新建立亲子关系，愿意再去倾听小孩子的梦想，而我很荣幸参与其中，也很高兴有这样的结果。

　　宝春获奖为何如此重要？打个比方来说，这就像中国少林寺举办的武术比赛，结果武术冠军宝座却被外国人拿走一样。这件事情对台湾地区面包界的意义深远，证明了台湾人懂得面包，也做得出好面包，在世界面包版图上光明正大入主一席地位。

　　在宝春获得世界冠军之前，从基隆到鹅銮鼻的面包店卖的几乎都是一模一样的产品，普遍台湾人对面包的想像脱离不了台式面包。因为宝春的关系，台湾人开始认真想要了解面包，这才发现原来面包是如此多元。受到宝春的鼓舞，学校开始重视技职教育，许多孩子更是以此为目标，怀抱着理想投入行列。餐饮业不再是没出息的行业，而是令人憧憬、具有可能与创造力的产业。

　　我想我是个幸运的人。当我踏进这行时，遇到像义华面包魏大哥这样的师傅，他高尚的品格、专业的高度、谦虚的精神，以及不断精益求精的态度，为我立下了标杆。他无私无我的风范影响了我，也间接影响了宝春，他走下宾士车扛着面粉的身影，那才是真正使台湾诞生了一位前所未有的面包冠军的原因。我躬逢其盛参与了宝春的人生，对于自己也能成为台湾面包革命的小小幕后推手，我感到无限的荣耀。

　　事隔几年，台湾面包界变化程度之大，我与宝春偶然回想起来，仍觉得如梦似幻。"说真的，你有没有想过会有这一天？"他与我对望了一会儿，只是顾自呵呵笑着。

玩不腻的味觉游戏

2010年吴宝春得到乐斯福杯欧式面包的冠军。看着新闻，我也跟着激动得眼眶泛红，我为宝春感到骄傲和兴奋，因为这一块后来被称之为"冠军面包"的荔枝玫瑰面包，背后有着我和宝春漫长的人生故事。

在许多报导宝春的文章和访问中，都曾经提到过一段我与他如何交流开启"味觉"的过程。那时候他在多喜田面包店上班，下班后总是喜欢跑来堂本跟我一起鬼混，我们一起听肖邦、巴哈、莫扎特的管弦三重奏、交响乐，也听摇滚和爵士，我借给他Andrew Lloyd Webber[1]的歌剧和Ennio Morricone[2]的电影配乐，让他知道，原来传说中的古典音乐并不那么艰深难懂，其实早就流动在我们的生活周遭，慢慢地他也会告诉我比较中意听哪一款，甚至主动问我，阿还有没有别张唱片之类的。然后，我们也借着开发味觉之名到处去吃喝，像是梁婆婆的臭豆腐、大英街张太太的私房卤肉饭、王嘉平的意大利菜、卓兰的某一家鹅肉……哪里听说有厉害的，我们就去那里试试看。同时，我也把我自认为是小学一年级上学期程度的红酒专业知识，分享给幼儿班程度的宝春。现在回想起来，那真的是一段美好的人生时光。

♦ 封闭的面包业，香草籽当成沙子 ♦

当年，宝春和其他的面包师傅听说了我做出来的面包形状不怎么专业，但是却大受客人的欢迎感到不解，而他对我做面包的"不按牌理出牌"也觉得非常的不可思议。比方说，我在面团中加入红酒，对他来说把一瓶好几百块的酒往面团里倒，简直是像把钱往

编者注：

①安德鲁·劳埃德·韦伯，创作了音乐剧《猫》《歌剧魅影》等。

②埃尼奥·莫里康内，意大利电影配乐大师。

水里丢一样，尤其是如果酒精把酵母菌杀死了，那这面团岂不就报废了？

15年前的台湾面包业，就像宝春所讲的，是相当封闭的。面包店用来用去的食材，不外乎就是火腿、玉米、肉松、美乃滋那些，而像茶叶、果干、意大利香料、黑橄榄等现在已为人所知的食材，在当时的传统面包界都是非常陌生的东西。宝春第一次听到罗勒（Basil）的时候，还以为那是一个人的名字，至于什么青酱、乳酪、迷迭香、百里香那更是与他非常不熟。

当我把马达加斯加的香草荚拿来放进德国布丁当中，常常会遇到好心的客人

把我拉到一旁低声地说："老板，你的布丁里面掉进沙子。"这时我得要翻开日文书籍，指出用天然香草荚做出的甜品图片，证明那一颗一颗黑黑的是香草籽，好让客人明白我真的没有把沙子往布丁里面倒。

‹ 吃鸡排也可以培养味觉 ›

犹记得宝春曾经问我怎么培养品味，他说："你可以教我怎么吃东西吗？"他问我："阿！是不是培养味觉要花很多钱""阿！是不是都要去吃很贵的餐厅？"他说，他不懂什么叫"好吃"的东西。

我的味觉不是顶尖，但是我反问他："你知道什么叫好吃的鸡排吗？你说得出来吗？"

"哇灾！挖哉！①"他点点头说，"喝架ㄟ（好吃的）鸡排多汁、嫩、香，啊不会很油，不好吃的鸡排很干、很硬、很油，闻起来有臭油味。"

"这样你分得出东西好坏啊，怎么会吃不出来。"我继续问他，"像是阳春面、臭豆腐、卤肉饭都有好吃或不好吃，那你吃得出来吃不出来？"

宝春点点头，一脸似懂非懂。我又继

编者注：①闽南语：我知道！我知道。

续催眠他："其实你是明白怎么品尝的，只是社会给了我们很多压力，像是"不懂不要说""你不够专业"等等的话，就是想尽办法要我们压抑自己的感官，不要相信它，只相信数据讲的、相信专家讲的才对。"

我做了很多尝试，那顶多只是我比别人早知道这些东西；但我也确实很努力，不断获取新知识。仔细想想，在我们成长的过程中有太多的时候是因为旁人的期待，因为害怕被惩罚而学习，而出于热爱的学习，对于像我这样一个不爱念书的孩子来说，所产生的结果竟是如此的不同。

❝一生悬命的工作态度就是品味❞

我告诉宝春，吃到美味的食物，你会不会想去了解它，是用了哪些食材、怎么处理、怎么切、怎么煮，才会这么好吃？如果会，那你就在品味的路上了。

品味是要打开心来，去了解人们对生活的努力。我们常看见别人的坏处，但却很少欣赏别人的优点，能够欣赏别人的优点，就是一种品味。

我知道有些路边摊的老板，他们不会因为生意小就青青菜菜（闽南语"随便"的意思），他们用心对待自己的事业，以一生悬命的态度，想办法端出好东西给客人，把摊位打理得整整齐齐，食材切得漂漂亮亮，就连下班后也会把桌椅擦得干干净净……像这样的工作态度，我就觉得很有"品味"。

相反地，如果品味是要花很多钱去买很贵的食物、买很贵的房子或很贵的车子，那这个世界上也是有穿着体面却大干肮脏事的人，他们卖黑心油或化工奶给大众，当你看穿了他的伪装，还会觉得那很有品味吗？

❝多方咀嚼尝试，喂养创意❞

不管任何领域，在创新之前的基本功

练习都极为重要，料理人除了要锻炼厨艺，更重要的是锻炼味觉。不管是与生俱来还是后天养成，许多大厨都拥有敏锐味觉，那往往是他们制胜的关键。

有些人不愿尝试没有吃过的食物，我认为那是一件很可惜的事情。多方面尝试对一名制作食物的人而言是非常重要的养成教育，尤其可以训练对食材的思考。

譬如，一碗白饭除了炖饭、拌饭、炒饭、烤饭、盖饭，也可煮成粥品、打成米浆，或是加入花生爆成米香，同一种食材在口感与风味上，就可以有如此多种变化。其次，还可以更深层探讨，像是使用不同品牌或品种的米，会有什么样的差别，甚至用电饭煲、高压锅、煤气炉与炭炉来煮，口感又有什么不一样？拥有一颗好奇心，以及一副好胃口，就算是生活中已经很熟悉的食物，你也能嚼出养分，喂养你的创意。

● 好吃的定义
让人永生难忘的感动 ●

美国的厨艺比赛节目《厨神当道》（Master Chef），得到冠军的是一位盲眼的越南裔女性Christine Ha。她能在激烈的竞争当中胜出，原因在于拥有"无可取代的味觉"，她烧的菜在摆盘或变化上不见得比对手强，但是她烧出来的菜却让评审们觉得最有"生命力"与"温度"，也是最好吃的。

评审口中的"生命力"和"温度"听来很抽象，正所谓青菜萝卜各有所爱，每个人对"好吃"的定义都不同，可是我相信当人们吃到那难以言喻的滋味时，触及内心深处产生的感动，可以让人永生难忘，甚至变成一股能量。

我想起做音响业务的时候，有个客户从高雄来台北专程要带我和同事到阳明山上，去吃他口中美味至极的白斩鸡。搭着客户豪华的奔驰500从柏油路开到没有路灯的山路，摇摇晃晃地来到了偏僻小路尽头，那简陋到不行的农家与客户口中的美食圣地实在大相径庭。慢慢地过了几年，回想起来，人类为何要追寻美味的食物，那是因为里头混合了记忆、喜悦、向往等情愫。旅行巴厘岛时，记得金巴兰沙滩上有个烤玉米摊，全世界有许多旅人来到这里吃完一旁的龙虾海鲜之后，都非得要来尝一尝这美味的烤玉米，才算是有去过巴厘岛。

不必是名厨，不必是El bulli[1]，即使是个卖糖水的小摊，我深信也具有可以改变世界的能力。关于这一点，我想宝春给了我们最好的证明。

197

编者注：①"斗牛犬"餐厅，西班牙著名餐厅。

爱

　　每一颗面包，其实都是各种爱的大集合。

　　做面包这一行，没有爱，没有勇敢爱挑战，没有热情爱工作，面对种种困难，应该撑不下去吧。

　　面包里有情人之爱。我和妻子的相遇是在自家的面包店，那个再简单不过的白吐司像称职的红娘，悄悄地牵起我和她的缘分；她说我的面包真的、真的、真的非常好吃。她的赞美与支持，让我有勇气向未来的岳父说："您的女儿嫁给我可以同时拥有爱情与面包。"充满爱的面包，就是我让她幸福的动力。

　　面包里有亲情之爱。当我在 30 岁出头遭遇财务风暴，父母亲给了温暖的支持，让我学会重新认识自己，反躬自省，调整态度与脚步，度过重重难关。

　　面包里有亦师亦友的同事 (同业) 之爱。要不是店里有认同我用好东西做面包的师傅，和我一起打拼的伙伴，堂本受欢迎的蛋黄酥，恐怕不会问世。

　　当然，还有客人对我的关爱。客人对我的面包品质始终充满信心，"堂本的面包绝对不会用加了三聚氰胺的原料！"有这么多的知己之爱，才能让我做出充满爱的面包。

时间是唯一添加物

这是一条很普通的白吐司，我想要它单纯的好吃，我不添加任何其他，却希望在简单之中重叠出美妙的风味。这里头，我唯一使用的香料就叫做"时间"。

白吐司

White Bread

堂本开店第一天，架上贩售的产品只有一样，就是白吐司。看似普通的吐司，我认为那是一家面包店最重要的产品。白吐司虽是面包店的基本款，但客人们却是将吐司的好坏，当成评荐面包店的指标。那是所有面包师必须慎重以对的重要产品。

吐司里的
卤肉饭哲学

　　白吐司之于一家面包店，就像蛋炒饭之于中餐馆，虽然白吐司的原料只有高筋面粉、鸡蛋、牛奶、黄油、酵母菌、糖和少许的盐，但是同样的材料，每一家做出来的结果却不同。

　　为何会如此？我常以卤肉饭来举例。卤肉饭是台湾很常见的庶民小吃，但你却能发现卤肉饭也有这家跟那家的差别，细问之下，你会发现讲究的店家对于所用猪肉的部位、肉燥的切法、香料的比例、酱油的选择，乃至于火候的掌控、炖煮的长短，甚至米饭怎么煮，都有滔滔不绝的想法。这些考究让一碗卤肉饭超越普通，变得非凡了起来。如何让一条"普通的"吐司变得无比美味？我认为那精神与做一碗卤肉饭相同。不同面粉配比、不同发酵时间，甚至发酵种的比例与加入时间——是与全部面团一起发酵，还是与1/2中种面团一起发酵，抑或是与1/4中种面团一起发酵，或是冷藏隔夜发酵，这些都会对白吐司的风味与口感产生影响。

　　在基本做法之外，白吐司还有什么可能？我曾经使用日本酿酒用的清酒酵母来做吐司，也曾经把日本学到的烫面技巧用在白吐司，做出饱含更多水分，口感也更弹性的汤种吐司（加入50%烫面），甚至开发出加入意大利橄榄香料与胚芽等的不同口味的吐司产品。我时常告诉店里的师傅，就算是一条最日常的白吐司，只要肯用心地好好做，也能表现出不同的香气跟风味。

　　话说回来，堂本的吐司为何迷人？堂本的吐司面团发酵时间是16～18个小时，长时间发酵可以让水分均匀渗透到面团每个组织，同时给了酵母菌时间去酝酿出迷人的风味。在所有吐司中，我特别喜欢胚芽吐司，当吐司从烤面包机中弹起，趁热抹上花生酱，我觉得这味道可以用上"销魂"两字来形容。

My Recipe

普通的
白吐司

A
面团

材料

❶前段面团

高筋面粉·······430克

鲜酵母·······4克

盐·······7克

奶粉·······12克

水·······245克

自家培养酵母（小白）··40克

❷后段面团

高筋面粉·······220克

鲜酵母·······9克

盐·······6克

细砂糖·······61克

水·······167克

发酵黄油·······43克

❶+❷总重量：1244克

<备注> 白吐司的面团与庙口花生春卷面包的面团相同（只差在是否添加胚芽），制作时可一并操作。（详见246页）

Chapter /
l'amour

爱

白吐司
White Bread

My Recipe
洗式面包这样做

◆ 做法 ◆

第1天 ◢ 制作前段面团

1. 将前段面团所有材料搅拌均匀。

2. 面团放入钢盆，盖上湿棉布，放入冰箱静置隔夜，经过 12 ～ 18 小时低温发酵，膨胀约一倍。

第2天 ◢ 制作主面团

3. 取出前一天制作的面团，与后段面团所有材料（除了发酵黄油）搅拌均匀至面团光滑。

4. 续入发酵黄油，继续搅拌面团。搅拌时留意测试面团状态，取出一团可拉开呈薄膜状，代表完成。

5. 将面团放入钢盆，盖上湿棉布，基本发酵约 20 分钟。

6. 取出面团依每份 300 克分割，并滚圆。

7. 面团盖上湿棉布或放置发酵箱，室温下中间发酵大约 30 分钟。

8. 面团整形，取一颗面团，先擀开呈长条状，接着卷起；将卷起面团再一次擀开呈长条形，再次卷起。

❹

❽

9. 取 4 个面团排入 33.5（长）x12（宽）x12（高）（厘米）的烤模。

10. 烤模在室温下盖上湿棉布（或放入发酵箱）最后发酵大约 60 分钟。

11. 发酵到吐司模型的七分满，或离顶部两个指节的高度，就可以加盖进烤箱。

12. 烤箱预热至上火 170℃、下火 230℃，烘焙约 40 分钟。

➔ 如果要制作不带盖的吐司，则是让面团发酵到八分满或离顶部一个指节高时送进烤箱，烘烤的温度上火降 10℃就可以了。

207

我的爱情
与面包

我看过她来买面包很多次了，但是她没有看见过我。

她总是毫不犹豫地拿起白吐司之后，以蜗牛慢慢爬的速度在20平方米不到的面包店里走逛。看她仔细欣赏面包的神情，让我觉得我这儿好像是罗浮宫，每款面包都变成了艺术品。隔着玻璃门，我偷偷瞧着，看她结完账骑着摩托车离去的身影，悄悄记住了。

每天到了下午，厨房里烤箱全开的高温总让我满身大汗，等到所有计划出货的面包处理完毕，我早已累到虚脱。现在还不到3点，中午才烤好的20条白吐司却已卖光，看着被清空的货架，我感觉今天已经够累了，想把原本等待发酵的吐司面团就和进老面，明天再继续吧。现在我只想透透气，来杯冰凉的啤酒。

不巧，我看见她走了进来。她温吞吞地张望，终于看见空空的面包架，露出失望的眼神。她不死心地问我："请问吐司卖完了吗？"

"卖完了喔。"我回答。

"那今天还会再做吗？"她问。

"会啊，可是要等喔！"我脑波一时弱，竟然就这么回答。

"没有关系，我可以等，要多久呢？"她问。

其实话一出口我就有点后悔，明明已经累得不想动了。

"要等1个小时多喔，你等一下再来吧。"我想，不如跟她说久一点吧。

"好。"她回答，但显然没有要离开的意思。我见她坐在小院子的椅子上，打开一本书，沉静从容地等待。

身为男子汉的我一诺千金，也为了不让她失望，只好摸摸鼻子走回热烘烘的厨房里。

• •

1个小时后。

"小姐，妳的吐司做好了喔！"我从店内呼喊着，她抬起头来的瞬间，忽然笑得像栏杆上盛开的花，她的侧脸在夕阳斜照下，美得如同莫奈的画。

208

我亲手把吐司交给了她。再见，心里偷偷念着。

黄昏之后，忙完没事的我在店里踱步，不停在阿香旁边走来走去。

突然，阿香转过头，问我："你是要跟我说什么吗？"

我搔搔头，不好意思说："妳帮我打听那个长头发的女生在做什么好不好？"

阿香说："你说那个买白吐司的女生吗？"

我说："对、对、对！就是那一个！妳怎么知道？"

阿香说："她看起来气质不错又有礼貌，我当然记得啊。"这时候，我对工作伙伴自主训练有素以及牢记客人的能力感到非常骄傲。

阿香接着问："不过你问这个做什么？你要请新的店员吗？"

我一时回答不上，只能支支吾吾："……也没有要请新的店员啊……"

"那你问她工作干嘛？"

"啊就……就就……问一下啊……"我结结巴巴地，脸涨红起来。

阿香见我不对劲，一下便恍然大悟。

"你要问她有没有男朋友喔？"阿香二话不说揽下任务，"没问题，包在我身上！"

• •

我常常觉得阿香如果不帮我卖面包，改去征信社上班的话，应该也会表现非常出色。几个星期之后，我知道了她的名字，然后是她就读于台湾中国医药学院博士班一年级。除了这些，我还知道她愿意为我的面包等上一小时。不过，这些资讯对我并没有任何帮助，我不知道是什么样的心情，医学院研究生的"身份"，让我鼓不起勇气追求她。

我习惯在晚上时，到欧诺咖啡馆前面的垃圾桶丢东西，顺便喝一杯打烊咖啡。有许多次我在吧台前和老板聊天时，发现她与她的同学们就在咖啡馆里面聊天或看书。偶尔，她看到我拖着一大包黑色塑料袋去倒垃圾，不知道为什么总是很兴奋地对我招手，甚至邀请我和他们一起喝咖啡。但是脱掉白色厨师袍的我一身狼狈，我看了看自己身上穿着的被汗水浸泡到快烂掉的三枪牌内衣以及与蓝白夹脚拖鞋，只能隔着窗户挥挥手，便不好意思地离开了。

几次不期而遇，他们的热情让我不忍再拒绝。"这位是堂本的首席面包师！"她这样向朋友介绍我，还提了好几次坐在门口等我烤吐司的事情。语末，她再三肯定地说我的面包真的、真的、真的非常好吃。

她的赞美让我忘记身上只穿着三枪牌内衣，仿佛我穿着帅气的厨师服，手捧喷香四溢的面包，背后还散发万丈金光。

· ·

渐渐地，我们熟了起来。

直到有一天我鼓起勇气打电话邀请她跟我一起看《魔戒》，而她竟然没有拒绝我！我

开着自己赚钱买来的第一部车去接她，心情紧张又兴奋，感觉飘飘然的，很不真实。

那一晚，我完全不知道《魔戒》到底在演什么。呃，关于这点实在非常糗。我在电影院开演之后不到十分钟，就在杜比环绕音响的环绕下，打着轻微的鼾声沉沉睡去了……

电影散场后，她对我说："下次这么累不要出来看电影，在家睡比较舒服啦。"我连忙解释："在电影院睡觉不一样，感觉睡得特别好！"

后来，只要她没课的时间就来陪我吃饭、陪我去送货，不想念书的时候就陪着我在厨房里揉面团烤面包。我们一起喝咖啡，一起听音乐，一起看书，一起抵抗外人对学历落差的眼光，一起跟反对我们交往的人闹别扭。

从那个等吐司烤好的下午之后，经过了三年时间，我们结婚了。

婚后我仍然是堂本的"首席面包师"，她仍然喜欢吃我做的吐司面包。回想起来，我的丈人曾经不解地问自己的女儿："念到快拿博士学位了，妳甘真正甲意吃胖，甲意到一定爱嫁呼做胖的吗？①"有人说，一个人能同时拥有爱情和面包，那应该就是世界上最幸福的人了。

我是一个面包师傅，我想跟我的丈人说："您的女儿嫁给了我，可以同时拥有爱情与面包。"

而今，掐指一算，我们结婚已经12年，还拥有一个可爱的小女儿。我很幸运，因为我的面包让我遇到了她。这位美丽善良的妻子是我的知心好友，是我甘苦与共的亲人，是我忠诚的事业伙伴，也是堂本面包永远的支持者！

感谢妳的青春和美丽的女儿，我的牵手，谢谢妳！

211　编者注：①本句意思是"念到快拿博士学位了，你真的喜欢吃面包，喜欢到一定要嫁给做面包的吗？"其中"胖"是台湾人对"面包"的称呼，因为面包的法文是Pain。

王子与乞丐的真假蛋塔

我的面包虽然继承了乡下精神，但我始终认为，它一点都不「乡下」。它甚至可以拿到巴黎的香榭丽舍大道上一较长短。

德式布丁
与乳酪面包

German style
Cream Tart
& Cheese Bun

我的德式布丁与普通台式蛋塔系出同源，
但它们却像王子与乞丐，本质大同小异，
但显现出来的滋味却显著不同。为何？我
认为只要用心对待，就算没有神奇的配方，
用手边平常的材料，也能创造出美味来。

简单、好吃、
代代相传

　　说来有点惭愧，有几次应材料商邀请去帮同业上课，我总是太过诚实地说："在设计实务的时候，我们参考了很多书、很多配方，但其实有些时候不需要应用多厉害的技术或特殊食材，简单的食物也能变得很好吃，像布丁就是如此……"

　　我的德式布丁，说穿了其实就是"蛋塔"，只不过它和传统放入酥油、猪油、淀粉与不良油脂混合物的蛋塔比起来，可以说是"豪华升级版"。其实，像这样塔皮加上布丁馅的点心，在欧洲寻常可见，并非标新立异的食物。只不过，我重新诠释了这个"日常"。

　　我将法式塔皮的配方加以改良，拿掉了鸡蛋的成分，并加上一点盐，完成了这款容易引出奶油香气，却不太抢味的塔皮。布丁馅的部分，我使用能够找得到的最喜欢的奶油（Isigny伊斯尼牌）与大量香草荚来做。这样组合起来，就是很美味的蛋塔，虽然不会惊天地泣鬼神，可是你就在一口接一口中，不小心吃掉了一大个。比"恰到好处"还多一点点，心满意足的感觉，就是我认为德式布丁该有的样子。

　　与德式布丁的精神类似，也取材自日常材料的乳酪面包，也是堂本面包店的得意之作。乳酪面包的灵感来自某次在食品展吃到类似的面包，回来后那滋味一直缭绕，便想开发这样的产品。我心中理想的乳酪面包是包裹着大量软质馅料（奶油奶酪），一口咬下从外表到内馅都满溢着香气的一款面包。为了呈现这样的感觉，我在面团、内馅、表皮分别使用5种奶酪，包括面团的高熔点奶酪、内馅的奶油奶酪，以及洒在最上层的两种

披萨奶酪（切达奶酪与高达奶酪），还有最后画龙点睛的帕玛森奶酪粉。

要将面团包裹软质内馅，操作上相当不易，还得兼顾最终成品的口感。此款面包是以法国面包为基础，加入黄油与奶酪变化而成，它具有些许咬劲，同时承受着软质内馅的浸润，而面团里头加入刨成丝状的高熔点奶酪，可使面包组织散发的淡淡奶酪香，并成为面包与内馅的连接，不至于咬下的时候，感觉面包是面包、内馅是内馅。

在德式布丁与乳酪面包的练习曲里，我归结出研发的心得，那就是在开发产品的时候，要尽量用手边材料来思考，如果一个配方"非某种材料不可"，否则就发不起来、口感不对、香气不够，我认为那样不叫烘焙技术，比较像是开医药处方。

我始终认为，选择日常材料来做面包，可以让面包更贴近大家熟悉的感觉。就像乳酪面包的开发，曾经试过许多种奶酪，配方经过多次重大调整，过程中我舍弃了像是蓝纹奶酪这类很有"话题性"的食材，虽然那样做出来的面包也可能很惊艳，但我认为感觉有冲击的食物通常不耐吃，很快就会在人们日常食物的选单中消失。

我们经常看到很多复杂的配方，很想去挑战，但是却往往忽略了用简单的方式去打动人。就像握寿司，说穿了它就是米饭和一块鱼肉，而且鱼肉还没有煮过。如果是在烹饪领域，握寿司的烹调技术几乎没有什么好叙述的，那它有什么可称专业或厉害之处？然而具有"日本寿司之神"称号的小野二郎，就是把握住简单的两三样东西，并将它发挥得淋漓尽致，这不就足以掳获全世界美食家的心了？

215

Chapter /
l'amour

爱　　德式布丁与乳酪面包
　　　　German style Cream Tart & Cheese Bun

My Recipe
洸式面包这样做

My Recipe

德式
布丁

份量：12个

A
派皮

材料

发酵黄油·····242克
细砂糖······109克
香草荚······1支
盐········2克
低筋面粉····345克
巧克力豆····28克
总重量：726克

B
布丁
内馅

材料

香草荚······2支
蛋黄·······406克
朗姆酒·····15克
动物稀奶油····1015克
细砂糖·····153克
牛奶······1040克
总重量：2629克

<备注>
布丁内馅也可以拿来制作烤布蕾。

◆ 做法 ◆

▲制作派皮

1. 将香草荚切开，用刀轻刮下黑色细籽。

2. 将发酵黄油、细砂糖、香草籽、盐搅拌均匀。

3. 把低筋面粉加入做法1，搅拌均匀。

4. 续入巧克力豆，拌匀。

5. 将面团依照每份60克分割。

6. 将面团放入宽8× 高3.5（厘米）烤模，轻压使派皮厚薄均匀。

❹　　　❺**1**

❺**2**　　　❻

Chapter /
l'amour

爱　　德式布丁与乳酪面包
German style Cream Tart & Cheese Bun

My Recipe
洸式面包这样做

◢ 制作布丁内馅

7. 将香草荚切开，用刀轻刮下黑色细籽，加进牛奶里。

8. 将蛋黄、朗姆酒、稀奶油、细砂糖等材料搅拌均匀。

9. 倒入牛奶混合成布丁液。

10. 取滤网过滤布丁液，去除杂质，可使布丁内馅吃来更柔滑。

11. 将布丁液灌入派皮九分满，约 150 克。

12. 旋风烤箱预热至 165℃（一般烤箱预热至 185 ～ 195℃），烤 50 ～ 60 分钟，待表层上色，呈现焦糖褐色，即可出炉。

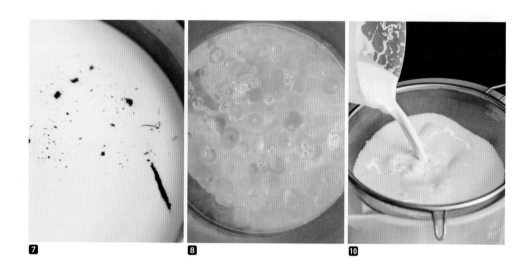

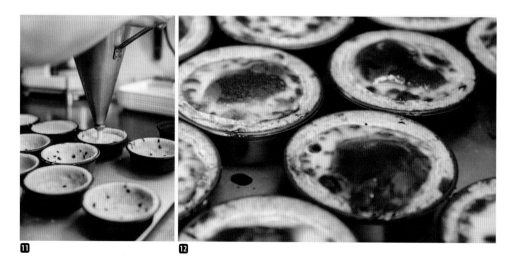

My Recipe

乳酪
面包

219

Chapter /
l'amour

爱　　德式布丁与乳酪面包
　　　 German style Cream Tart & Cheese Bun

My Recipe
洗式面包这样做

份量：17颗

材料

奶油奶酪······580克

糖粉·······30克

动物稀奶油···70克

总重量：680克

材料

高筋面粉·····500克

奶粉·······12克

鲜酵母·······15克

自家培养酵母（小白）··50克

水·······295克

细砂糖······26克

盐·······9克

发酵黄油······26克

高熔点奶酪丝··100克

帕玛森奶酪粉··10克

总重量：1043克

❸

C
沾在面
团表面

材料

蛋液········适量

高达乳酪切丝··适量

切达乳酪切丝··适量

♦ 做法 ♦

▲ **制作内馅**

1. 将 A 内馅所有材料混合均匀。

2. 放冷藏室冰凉备用，这可使内馅稍微硬一点，比较好包。

▲ **制作主面团**

3. 将B面团所有材料（除了发酵黄油、奶酪丝、奶酪粉）搅拌均匀。

4. 续入发酵黄油继续搅拌，直到面团呈现光滑状。搅拌时留意测试面团状态，取出一团可拉开可呈薄膜状，代表完成。

5. 续入奶酪丝与奶酪粉搅拌均匀。（奶酪丝先用调理机打碎。）

6. 将上述步骤完成面团取出，放入钢盆中，盖上湿棉布，在室温下基本发酵大约40分钟。

7. 将发酵完成的面团取出，依照每份60克分割，并滚圆。

8. 接着将面团排在烤盘上，盖上湿棉布或放入发酵箱，室温下中间发酵大约20分钟。

9. 取出发酵完成的面团，包入40克内馅。

10. 面团表层抹上蛋液，沾上奶酪丝，最后在完成的面团上用剪刀剪2刀十字，面团要剪破，看到内馅。

11. 面团盖上湿棉布或放入发酵箱，室温下最后发酵大约60分钟。

12. 烤箱预热至上火200℃、下火220℃，烤约13分钟。

乡下人的气魄

　　堂本开在一条小巷子里面，这巷子小到连会车都有困难。因为店开在小巷子里面，时常有客人打电话来问："你们店要怎么走？"也有客人绕半天找不到，因此在电话中跟阿香生气起来，骂我们为什么要把店开在很难找到的地方。

　　我并不是故意要把店开在这么小的巷子里面，真正的原因是我没有钱去租一个大马路上的金店面，绝对不是故意要"逆向操作"。刚开始面对客人的责骂，我心里忍不住嘀咕："我当然知道店该开在哪，好找、好停车、好热闹的地方……但是都好贵捏！"想想还是把店租和装潢省下来，拿去买好一点的原料和食材。我认为这样做应该比较正确，至少我的心意客人都吃得出来。

● ●

　　记得很久以前，有位在台南开面包店的老板专程来找我，要和我"研究研究"面包店经营的问题。"我不懂什么是成本控制，我的脑袋没办法想那么复杂啦！"我跟他说。我自认技术并不很好，但是我认为好的原料肯定可以让客人感受到我的诚意，我只知道要怎么做面包，如果还要花心思去想材料的成本，那我做的面包就很有可能不好吃。"如果不好吃的话，就会没有客人，没有客人的话，我就会倒闭了……"而且我认为，如果我们计较着制作成本，那客人想必也计算着他买面包的成本。

　　"——所以面包店最好的经营方法，就是不要考虑材料成本！"我洋洋洒洒讲了一大堆，归结出这个"谬论"。就像是鱼如果新鲜，清蒸就很好吃，但是鱼不好就需要加一大堆配料，反而成本更高一样。

　　这位老板听了眼睛瞪得大大的，对我讲的话感到不可思议。

　　"啊嘎哩讲不通。①"最后只好摸摸鼻子放弃走人。

　　后来也有许多同行来找我讲过同样的事情，几次下来，我当然也"检讨"了一下自己，为何自己想的和别人不同？追根究底，我觉得那和我出生在云林斗南，以及与生俱来的家庭教育有关。

　　我常认为自己是"乡下人"，而乡下人的基因里有一点儿爱面子与不服输的个性，就像一句闽南语俗谚所说：输人毋输阵，输阵歹看面①。乡下人无论是自己端出来的东西，还是孩子的课业表现，都希望表现优秀，得到大家的喜欢。

　　不过，乡下人虽然看重成就，但对好的衡量标准也很务实，认为"里子"更胜于"外表"。就像乡下人宴客时，不见得会去装潢漂亮的大餐厅，反倒会带客人去土鸡城或是海产店，端出满桌真材实料的好菜，让客人吃得爽快满意，才是最实在的。因为乡下人认为，"青操②"与"澎湃③"才是最正港④的招待。

- -

　　曾经有报纸报导过松露巧克力里面其实没有松露，松露只是巧克力的名称，有人反驳红烧狮子头也不是用狮子的头去做的，麻婆豆腐也不是陈麻婆做的，何嘉仁美语不是何嘉仁亲自教学，长颈鹿美语当然也不是请长颈鹿教的。这种似是而非的辩驳之词在我乡下人的想法里面是很奇怪的。

　　如果我声称这款面包叫"乳酪面包"，但只有表面看来或闻起来有乳酪，吃起来却没有任何乳酪，我会认为端出这样的东西很心虚，要是被街坊邻居打枪的话，我这面子肯定挂不住。因为我没什么厉害的技术，可以靠少少材料就制造出惊人效果，所以我唯一能想到的办法，就是"青操"与"澎湃"。

编者注：
①意为：输人不能输气势，输掉气势面子过不去。
②意为：随意。　　③意为：丰盛。　　④意为：正宗。

因为我的"手骨粗"（闽南语，形容阔气），有时候也会发生这样的事。有客人拜托我："那个乳酪能不能放少一点？"

"蛤？"我很惊讶。

"没有不好吃啦！"客人搔搔头，不好意思道："只是有点太咸……"

"这样子喔，可是放都已经放了，我收不回来了耶……"

其实我自己也知道，这个分量不是"最美味"的比例，可是当年推出的时候，就是这个分量了。如果今日减少的话，要是被老客人说：你的料缩水了喔……脸皮薄的我说什么也要继续手骨粗啊！

做面包之后，我常去思考"客人需要的是什么？"举个例子来说，我们有时去吃阳春面，上面有两片薄薄的肉片，肉片很香，很可口，可是这薄薄的两片并没有办法提供"满足"的感觉。"如果能再多吃两片，那就太完美了！"听了几次这样的感叹，我就想如果我是卖面的人，就要给客人四片肉和多一点青菜，让客人吃得心满意足才行。

◆◆

宝春极为推崇堂本的德式布丁，其实堂本的德式布丁完全是想象之物，德国并没有这样的产品，而真要说的话，它比较接近我们熟悉的蛋塔。不过那却是"高级版"的蛋塔，里头放了很多黑黑的像沙子的香草籽，那就是风味的来源。

Chapter /
l'amour

爱

德式布丁与乳酪面包
German style Cream Tart & Cheese Bun

stories of my bread

咀嚼一颗故事

过去台湾面包店只用香草粉与香草精，香草荚这东西没人知道，就算知道了，也没人买。有一次，我在电视上看到国外的料理节目，发现他们用香草荚就像台湾地区的人用葱花一样，一大把的，一点都不吝啬。我突然领悟：这东西原来是要这样用才对！

没多久，我跑去材料商那边。

"我要买1公斤香草荚！"门市人员从未遇过这样的事，简直听到吓坏了。

因为我在业界是素人，担心人家以为是在开玩笑，还特地带着1万元①现金，以示认真。

我在门市造成的骚动引来老板注意，他问我买这么多要做什么。

"我想要做卡士达。"我回答。

"这样成本太高了啦，饭店都没有人这样用，你干嘛这样用？"老板劝我先买一点就好，顺便介绍我几款好用的替代品。

"可是我就是想要这样做。"我说。

如果做面包还要仔细考量用什么牌子的面粉最便宜，用快过期的黄油价格比较低，还是用哪边的破壳蛋最省钱，那做出来的面包岂不是充满了"钱的味道"？钱的味道多了，面包的迷人香气就会少了。钢琴师一天不练琴自己会知道，一个星期不练琴，行家会知道，一个月不练琴，他的观众会知道，而一个面包店卖的面包如果用次等食材，添加奇奇怪怪的东西，刚开始只有自己知道，久了也瞒不住客人。

我生长在一个大家庭，哥哥姊姊都很会念书，而我恰巧就是所有孩子里面表现最不亮眼的一个……嘿啦，我就是从小到大都不被大人们看好的那一个！或许是跟家族光环有关系，我在课业上无法取得好成绩，但我还是很希望可以得到很多人的认同，甚至带给

编者注：①新台币，相当于2140元人民币。

社会影响。

2008年的三聚氰胺事件曾重创烘焙业者，但是堂本的客人们却对我的面包品质充满信心。他们很多人不认识我，但是我在店里曾听到有客人带朋友来买的时候，跟友人拍拍胸脯保证：堂本的面包绝对不会用加了三聚氰胺的原料！这让我有"士为知己者死"的感动，同时也更加坚守我的乡下精神。

因为没有高昂的店租压力，这使得堂本挺过不景气，安然度过许多市场风暴。我还记得2007年的时候，原物料价格史无前例地飙涨，面粉、鸡蛋、糖、黄油……每天的报价都不同，导致600多家面包店倒闭（根据糕饼同业公会统计）。那一年堂本虽然也承受很大的压力，但却能在不涨价的情况下，幸运逃过一劫，甚至还逆势成长。

"感谢这条巷子庇护了堂本。"看着小店亮起不起眼的招牌灯，夜晚再怎么黑，我都充满了希望。

● 后记 ●

我的店开在巷子里，许多人找不到，但我一直觉得那无关紧要。我想到以前做音响行业的时候，有客户请吃饭，带我们去到一家隐藏在偏僻山区，外观看起来破破烂烂的土鸡城，但老板端出的白斩鸡却惊艳全场。"全世界想吃的人都得来这里朝圣吧。"我在心里默默想着。

而现在，我想当那个土鸡城，就像El bulli（斗牛犬餐厅）开在偏僻的西班牙小村，堂本就要在这条巷子开下去。我的面包虽然出身乡下，但我倾尽全力使它美味，我自认为它的美味是可以拿到巴黎的香榭丽舍大道上，与名店一较长短的。

227

改造酥皮登月Ａ计划

没有传统，人类怎么上太空？

当资深老师傅，遇上外行的面包店老板，

两个人联手改造了蛋黄酥，

传统不再沉重，并扶持创意登上月球，

嫦娥与阿姆斯特朗也能做朋友。

蛋黄酥

Yolk Pastry

向来给人厚重高热量感觉的蛋黄酥，我想让她变"轻盈"。借鉴法国经典点心"国王派"的千层酥皮，再用金门限定红标高粱喷洒在咸鸭蛋黄上，让烘烤香气更加有层次。就这样，"瘦身改版"后的A计划，顺利升空，登月啰！

Chapter /
l'amour

爱

蛋黄酥
Yolk Pastry

My "Dessert" storming
甜点，我是这样想的……

摆脱沉重，
蛋黄酥轻盈奔月

或许是使用猪油的关系，我一直觉得传统蛋黄酥吃来感觉很"沉重"，加上蛋黄酥的热量很高，吃完若没有相对足够的满足感，大概连嫦娥都会觉得不太喜悦……我想改变蛋黄酥，我想把又厚又重的酥皮变成玛丽莲·梦露的薄纱，让人感觉蛋黄酥又年轻又有魅力，迷惑于这样的美味，想一口接一口吃下去。

在开发蛋黄酥时，我第一想改造的就是酥皮。我想到法国经典的酥皮点心"国王派"（Galette des Rois）酥脆轻盈的千层派皮，心想：如果蛋黄酥的外皮也能这样的话，该有多好？朝着这个方向前进，我打算使用国王派的酥皮结构，以发酵黄油替代猪油，但是将西式三折六的手法改为中式的两次擀卷，使酥皮膨发层次可以符合蛋黄酥的需求。

特别一提蛋黄酥的内馅，在当中为红豆馅画龙点睛的咸蛋黄，制法出自詹师傅的独门秘方。詹师傅特别去找来不经冷冻的咸鸭蛋黄，先是大把大把在上头喷洒高粱酒，接着才包入请厂商炒制的豆沙馅（使用乌豆沙、红豆沙、枣泥等3种馅料调配而成），那酒体经过烘烤产生的香气，可使咸鸭蛋不一味死咸，更多了点层次感。

说到这股"高粱味"，每年在中秋节之前，堂本面包店就蓄势备战，与各方酒客竞争抢购金门地区限定的红标高粱。或许有些人会认为，咸蛋黄为啥要喷台湾的高粱，还是金门的高粱，喷"白金龙"或是"红标高粱"，差别不大吧？我虽然无法提出数据来证明，但我个人认为那是一种制作食物的态度。

◦ 后记 ◦

我在研发蛋黄酥时有个意外插曲，发现了让堂本蛋黄酥美味更加提升的方法。那是一盘被遗忘在冷冻库而错过烤焙的蛋黄酥，估计可能冷冻了一个月之久，饼皮已全部脱水，散失了延展性。抱着实验的心态，我将这盘遗忘的蛋黄酥烤来吃看看，却意外烤出"爆馅"的美味。这款蛋黄酥外表虽然不讨喜，却是内部工作伙伴抢购的首选，但也只有内部工作伙伴才买得到。不过别担心，"标准版"蛋黄酥重新回烤也是能达到相当的境界，这是我个人小小的发现，大家不妨试试。

Chapter /
l'amour

爱

蛋黄酥
Yolk Pastry

My Recipe
洸式甜点这样做

蛋黄酥

Chapter /
l'amour

爱

蛋黄酥
Yolk Pastry

My Recipe
洸式甜点这样做

份量：45颗

A 油皮

材料

高筋面粉·············250克
低筋面粉·············250克
发酵黄油·············190克
水···············210克
糖···············19克
总重量：919克

B 油酥

材料

发酵黄油·············150克
低筋面粉·············300克
总重量：450克

C 内馅

材料

新鲜咸蛋黄···········约45颗
高粱酒·············少许
盐···············少许
豆沙馅············约1250克

D 其他

材料

蛋黄液·············适量
黑芝麻·············适量

<备注>

1. 豆沙馅需要准备的分量，与咸蛋黄的重量相关，每份蛋黄酥的咸蛋黄加上豆沙馅的总重量为 40 克，可依此推算须准备的分量。

2. 堂本的豆沙馅是用乌豆沙、红豆沙和枣泥混合而成，也可买市售豆沙馅使用。

3. 新鲜咸蛋黄（一颗 12~15 克）是没有冷冻过的，最好选择红土腌的。

4. 蛋黄酥是最佳分享食物，一次可能制作较多，但相信我，这些绝对吃得完。

◆ 做法 ◆

◢ 制作油皮

1. 将 A 油皮所有的材料搅拌，至均匀不黏手可成团。

2. 面团称重以每块 20 克分割备用。

◢ 制作油酥

3. 将 B 油酥所有的材料搅拌均匀。

4. 面团称重以每块 10 克分割备用。

◢ 包馅整形

5. 将油酥包进油皮后，擀开呈长条形，接着卷起。

6. 将卷起的面团再一次擀开呈长条形，再卷起，静置松弛大约 15 分钟。

7. 将咸蛋黄包进豆沙馅，每份称重在 40 克左右。

235

8. 静置后的面团，擀开呈直径约 10 厘米的圆形，静置松弛约 15 分钟。

9. 取做法 7 馅料包进做法 8 面皮里，完成后平均排在烤盘上。

10. 表皮轻刷上蛋黄液，点上黑芝麻。

➔ 点上黑芝麻对风味有很重要的加分效果！

11. 烤箱预热至上火 230℃、下火 170℃，烤约 25 分钟，完成。

236

▲ 烤咸蛋黄

1. 咸蛋黄喷上高粱酒，再撒上薄盐。

2. 烤箱预热至 170℃，放入烤约 10 分钟，出炉放凉备用。

1 **2**

堂本一老，
如有一宝。

9·21大地震那年我在当学徒，那时候厨房正在赶中秋节月饼订单，一票师傅做到三更半夜还不能下班，突然间就天摇地动了起来。等到一阵剧烈摇晃过去，原本停下来的手又开始继续揉面团。地震？管他的！中秋节的订单比什么都要恐怖，望着漫漫无尽的月饼海，我想大家心中充满的应该只有疲惫吧。因为这次经验，我对自己说，以后开店绝对不要加班，绝对不做月饼。

在我开店的第3年，朋友见我实在忙不过来，所以介绍了詹师傅来。这位詹师傅虽然是堂本面包店的"新人"，但其实詹师傅已经做面包做了40年，比店里任何一位员工都还要资深。原来，詹师傅以前自己开了一家面包店，像我这样自己做面包、自己卖面包，可是因为市区店租不停调涨，詹师傅不得已才关店，另谋生计。

离开面包业之后，詹师傅辗转到家具公司当木工师傅，不久又因为产业转移到大陆，公司结束营运，他又没了工作。我的朋友认识他时，他恰好到职训局去上电脑课，于是就被介绍到我这里上班了。

我觉得那可能是老天特别厚爱我，才让詹师傅来到了堂本。就这样，不按牌理出牌的白烂老板，加上一位沉稳有经验的老师傅，两人合作无间完成了许多美味之作，而这更打破了我的心防，决定一试蛋黄酥。

◆ ◆

詹师傅出身传统面包店，以前做的多是台式面包，店里为了因应台湾客人节庆送礼的需求，也制作像是月饼、蛋黄酥之类的传统汉饼。詹师傅来到堂本跟着我做那些"很奇怪"的面包，也没有半点异议，但唯有中秋月饼这件事，却意外地坚持。

不知是基于过来人的使命感，觉得有义务让"耗呆①"的年轻老板知道在什么节日该卖什么产品才会赚钱，还是一种经年累月做上习惯的瘾头，每接近中秋节的时候，詹师傅总会提议："来做蛋黄酥啦！"

我因为一朝被蛇咬，十年怕井绳，再加上自诩为有态度的面包店，认为面包店怎可以

卖月饼，那岂不是血统不纯？因为这种种理由，我一再否决提案。

终于有一年，詹师傅按捺不住，决定要先发制人。"既然不能卖，那做来送总行了吧！"他趁着下班时间在厨房里烤了些月饼送给同事，好让大家多少感受一下节庆的气氛。

在大伙开心瓜分月饼之际，我也凑热闹拿了一颗，当场嗑了起来。说时迟那时快，有眼尖的客人瞧见了，一箭步冲上前就说："终于要做月饼了喔！我要买！"

嘴里还嚼着蛋黄酥，我急急忙忙向客人解释，这还在"试做"，还没决定推出啦。

客人半信半疑地瞅着我手上的蛋黄酥，临走前还不断交代："上市一定、一定、一定要通知我喔！"

● ●

经过这个意外插曲，我开始认真思考研发月饼的事。似乎客人们并不是那么在乎面包店只能卖面包这件事；相反地，他们一旦相信了你的手艺，也会希望能尝到你推出的各式各样产品。堂本的欧式面包能广受喜爱，就是基于这样的信赖感，如果我做出有"堂本"态度的月饼，应该也不会太奇怪吧？

堂本的蛋黄酥严格说来是"伪"蛋黄酥，是以法国国王派（Galette des Rois）的饼皮加上中式擀卷手法制作而成，而我用清爽的发酵黄油替代传统猪油，加上老师傅特制的高粱咸蛋黄以及豆沙馅，改善了传统蛋黄酥吃来"沉重"的感觉。

结果可想而知，堂本的蛋黄酥一推出就大受欢迎，当大街小巷都在卖月饼，人们认为

这个市场已经饱和的时候，堂本的蛋黄酥却永远卖不够似的，在中秋节前的一个月就已订单满满。我想那是因为只要东西好吃，就不怕没有人欣赏吧。（当然，我也刻意减少制作的量，希望让大家在中秋节的档期可以在晚上8点钟前下班，以免像我那样罹患加班恐惧症候群。）

· ·

　　一位传统技艺纯熟的老师傅，加上一心想要胡搞的年轻老板，两人联手改造了中秋月饼，我们让蛋黄酥吃起来有飘飘然的感觉，望着月亮咬上一口，好像自己也要飞上天跟嫦娥做伙伴。我没想到传统与现代、中式与西式也可以如此合拍。

　　之后，我很惊讶地发现，老师傅以前虽然只做台式面包，但是他看到我对材料的不算计，单纯只是想用好东西做面包，而他实际吃过堂本的面包后，也觉得这样做出来的东西很美味，从此认同我的想法。甚至他对我想实验的东西，比我本人更加倍好奇，有时我只是起个头，他就接力完成，堂本面包店有了他简直如虎添翼！

　　詹师傅的修养很好，阅历丰富，任何我想得出来的鬼点子，他都可以像神灯精灵一样帮我"变"出来。

　　有了这个发现之后，我就可以常常"许愿"，实在体会到"家有一老如有一宝"这句话的真谛了。

就像法国人不需要研究什么叫『法国的卤肉饭』

西班牙人不需要去研究什么叫『西班牙的梅干菜』那样，

我们真的不必忙着把每种食物都变成自己的，

我是中国的台湾人，

做着属于外国人的面包，那又如何？

会心一笑的正港台湾味

庙口花生
春卷面包

Taiwanese
Peanuts
Sandwich

我之所以想分享这款面包，主要是在想着：什么是台湾面包？我一直认为，面包不是台湾原生的食物，但我们却可以试着把台湾元素放进里头，增加中国的台湾面包的厚度，然后迷死一票外国人，这样子的状态我自己觉得很好。

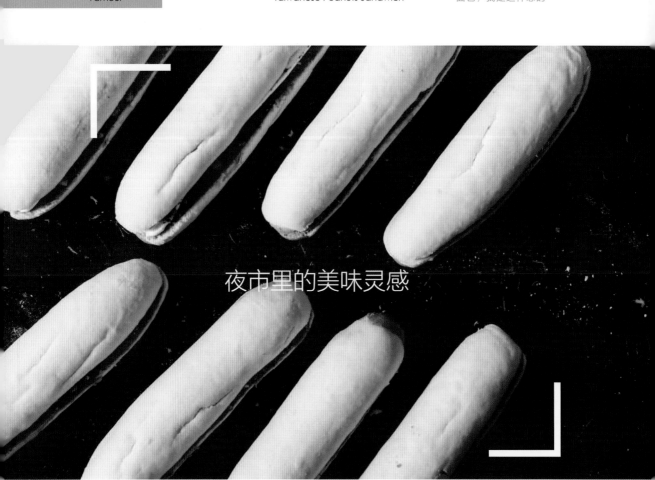

夜市里的美味灵感

　　这一款面包，是受到台湾面包论坛的启发，所做的小小回响。庙口花生春卷面包，顾名思义，灵感就是来自台湾夜市经常出现的传统小吃花生"润饼"。我一直觉得台湾人的饮食充满创意，像是花生糖与香菜的绝妙组合，在外国人的认知里相当跳脱，而这样的组合除了用在咸食，更特别的是用润饼皮包着佐冰淇淋来吃，那滋味称之为"前卫"也不为过。

　　庙口花生春卷面包乍看之下像是拿西式面包取代润饼，在面包里挤入花生酱，撒上敲碎的花生糖，再挤上一点加炼乳打发的黄油以及切碎的香菜，但其实这也是一款"不伦不类"之作——这款面包最有意思的地方不在馅料，而是在面包本身，那白色的面包是来自欧克面包的做法。

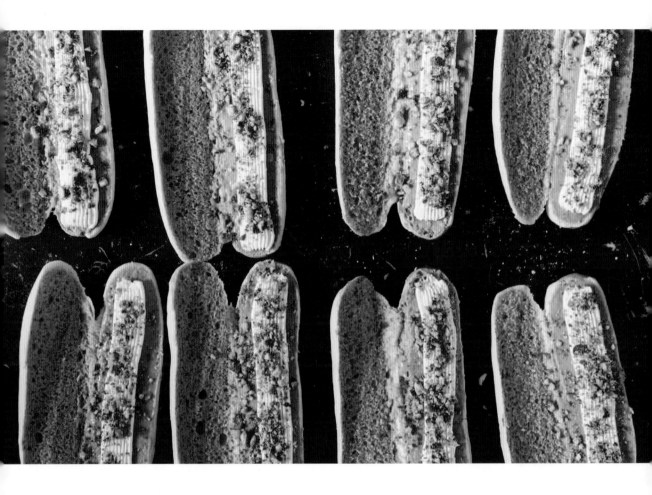

　　我所谓的欧克面包是里外使用两种不同的面团，借此塑造出不同的视觉效果，而在外层的欧克皮（即太阳饼的油皮）由于没有糖的成分，烘烤后不会上色，所以也经常被面包师傅们用来做面包装饰。我对此款面包的设计，是以胚芽面包的面团为内层，在外包裹欧克皮，把欧克皮当成润饼皮，而胚芽面包烘烤过后所散发出的类似花生的香气，可使面包化为无形，更加模拟出咬下润饼皮的感觉，接触瞬间感觉轻盈，但面包内在却富有嚼劲，最后留在口中淡淡的花生香气和像冰淇淋的炼乳奶油香气。

　　当然，这款面包完成后，一定要裹在透明塑料袋里卖。一句话都不用解释，懂的人在买时自然会会心一笑。

My Recipe

庙口花生
春卷面包

份量：
1条胚芽吐司
和15个花生
春卷面包

A
面团

材料

❶前段面团

高筋面粉····668克
鲜酵母····6克
盐·····10克
奶粉·····20克
水·····380克
自家培养酵母（小白）··30克

❷后段面团

高筋面粉····332克
鲜酵母····14克
炒熟小麦胚芽··83克
盐·····10克
细砂糖····100克
水·····260克
发酵黄油····66克

❶+❷总重量：1979克

B
欧克皮

（约20个）

材料

高筋面粉····94克
低筋面粉····94克
发酵黄油····94克
水·····97克
盐·····2克
泡打粉····1克
总重量：382克

C
奶油馅

材料

发酵黄油····500克
（总统牌300克、伊斯尼牌200克）
炼乳······200克
白酒·····33克
黄糖····38克
总重量：771克

D
其他
配料

（可依个人喜好增减）

材料

花生酱······少许
颗粒花生糖···少许
香菜······少许

247

Chapter /
l'amour

爱　　庙口花生春卷面包
Taiwanese Peanuts Sandwich

My Recipe
洸式面包这样做

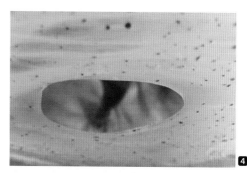

◆ 做法 ◆

第1天 ◢ 制作前段面团

1. 将前段面团所有材料搅拌均匀。

2. 放入钢盆（或量杯）中，盖上湿布，冷藏隔夜。

第2天 ◢ 制作主面团

3. 取出前段面团，与后段面团所有材料（除了发酵黄油）拌匀。

4. 续入发酵黄油，继续搅拌面团。搅拌时留意测试面团状态，取出一团可拉开呈薄膜状，代表完成。

5. 将面团放入钢盆，盖上湿棉布，基本发酵约 20 分钟。

6. 取出面团依每份 50 克分割，并滚圆。

7. 面团盖上湿棉布或放置发酵箱，室温下中间发酵大约 20 分钟。

8. 取出面团，擀开，卷起，再搓成长条形。

＜备注＞ 也可以分割300克x4做成胚芽吐司。

◢ 制作欧克皮

9. 将欧克皮所有材料搅拌均匀，至面团光滑可拉开成薄膜。

10. 面团依每块 25 克分割备用。面团如果用不完可以冷冻保存 20 天。

11. 将欧克皮擀开成长条形，包上步骤8 面团，揉成 11 厘米的长条。

12. 面团盖上湿棉布或放置发酵箱，室温下最后发酵大约 30 分钟。

13. 烤箱预热至上火 150℃、下火 200℃，送入面团烘焙约 10 分钟。

<备注> 如果做成吐司，请参考204页。

◢ 制作奶油馅

14. 事先将发酵黄油在 2 ～ 5℃下冰凉。

15. 取出冰凉的发酵黄油，与 C 奶油馅其他材料（除了糖以外）混合打发。

16. 最后拌入黄糖，尽量保留黄糖的颗粒状态。

➲ 虽然奶油馅用不完可以冷冻起来，大约能保存 20 天，但在重新打发时，黄糖会熔化，就比较不会有喀滋喀滋的口感。

17. 出炉面包放凉后，用刀将一侧划开，但不要切断。

18. 面包上先抹一层花生酱，再挤上奶油馅。

19. 撒上颗粒花生糖与切碎的香菜即可享用。

10

11 1

11 2

18 1

18 2

19

Chapter /
l'amour

爱

庙口花生春卷面包
Taiwanese Peanuts Sandwich

stories of my bread

咀嚼一颗故事

抄袭来的配方，
重要吗？

　　同一个食材的分量和做法，印在书上的叫食谱，抄在笔记本的叫配方，不给你看的叫秘方，改了几个字就变成独家秘方了！在1990年代，除了几家大饭店的北海道巨蛋面包之外，台湾面包店对于面包的概念就是停留在少数的几款上面，像是红豆面包、菠萝面包、黄油夹心面包、肉松面包、葱花面包、炸弹面包……米老鼠面包、皮卡丘面包，这些面包陪着五六年级学生走过童年与青春，成为某种"乡愁"的味道。台湾人所习惯的软式面包，框架了面包的想象范畴，直到欧式面包兴起，才带来不断创新的面包口味；而这也不过是这近10年的事情。

　　在我的观察里，"外行人"的加入影响了台湾面包业的创新进程，而我有幸恭逢其时成为"外行人"的其中之一，我的做法很多不被传统师傅所理解，跟大家熟知的操作方式不一样，这些大破大立的举动，今日看来却引发出好结果。

· ·

　　在企业管理的理论中，有一个很有趣的问题：企业领导者应该在公司内部养成，以确保"血统的纯正性",还是要从外部聘请非我族类的管理者,以求注入新血?我们知道这整个社会脉动不断,时时刻刻都在改变,而这个问题在探讨的,不外乎就是传统与创新、守成与开创之间的拉扯。

根据专家的研究观察,虽然空降的管理者经常被人事问题搞到黯然离去,但是血统纯正的专业经理人,却往往是包袱最大、适应性最差、改革能力最弱、盲点最多的人,他虽然可以无缝接轨管理工作,但那不过像是在温水中煮青蛙,青蛙不会感受到水温的变化而跳走,最后只是慢慢地被煮熟而已。后来有些大型企业在找领导人时,会特意寻找非相关领域的人来担任,比方说开汽车工厂的请来卖复印机背景的首席执行官,卖汉堡的请来原先做机械工程的当总裁,金融业请来原先卖电脑软体的经理人,寻求非相关行业的人来加入,无非是为了激荡出不同火花,避免"灯下黑"的现象发生。

比起全球经济的起落,食品业者面对消费者捉摸不定的胃,痛苦指数不亚于面对股票跌停。每年被淘汰的餐饮店家不计其数,原本排队3个小时才能吃到的蛋塔与甜甜圈,在热潮过后竟被弃如敝屣,而曾经风行一时的啤酒屋、韩国料理等,流行一转就被取代了。有些勉强存活下来的小店,明明就是几十年来一成不变,卖来卖去就那几种东西,没有创新口味,没有创新做法,能够强调的就是"遵循古法,坚持传统",最后还要在招牌上打了"60年老店"或是"Since 1960"之类的,一再强调历史性的矜贵,仿佛以之为滚滚洪流中的救命芦苇。

· ·

渐渐地,传统变成了业界的潜规则,那些前人订下的许多"听说"与"不可以",或是"没有人这样做"之类的话,关闭许多可能与想象,这也是传统面包店走向窄化的原因。

与传统面包师傅不同,我并非在一开始就踏入烘焙产业。当兵之前,爸爸担心我找不到工作,把我送到餐厅去当学徒,我在那里洗了大半年的锅子,切了不少的菜,那个经历让我知道餐厅是怎么一回事。后来担任音响工程师,那份工作更是给了我很大影响,直到今天我成为资深的面包师傅,所带给我的见识和成长,仍然源源不断地涌现出来。

我很庆幸以"外行人"的角色进入烘焙业,最大的好处是没有人跟我说"不可以"。传

Chapter /
l'amour

爱

庙口花生春卷面包
Taiwanese Peanuts Sandwich

stories of my bread
咀嚼一颗故事

统面包师傅因为老听老一辈说，这样不可以、那样行不通，被吓得没有勇气跨出去；而我在这条路上没有太多的"听说"，一切都想拿出来实验。我自己想着，面包只要有发起来就成功六成，其他就都好说好说，只要能发酵成功，配料要怎添加都可以。

"反正失败了，也就是自己确认那是失败的，但万一要是成功了，那真是太开心了！"我这样想。

不知道是不是物以类聚的关系，堂本面包店内有许多年轻师傅都是"非传统"出身，有许多年轻人在大学或是研究所毕业后，在完成父母亲的梦想之后，在历经了家庭革命后，开始他们人生为自己选择的第一条道路。所以在这间小小的面包店里，有生物科技背景的，有外文系的，有许多跟面包毫不相干的科系的，有他们的加入行列，我觉得台湾面包界的前景有无限希望。

•••••••••••••••••••••••••••••••••••••••

随着时代演进，当今思考主客易位，"创新"成了主流，好似没有好好发挥一下"创造力"的话就不行。但我认为这种观念，也如同"传统"那样，变成了一种限制。

许多人好奇地问过我："师傅，你的配方怎么想出来的？"

我的回答总是不变："从网络或书上抄来的。"

这时问的人通常满脸尴尬，显然答案不符合期待。（我应该准备一套"旅行世界各地"或是"静坐冥想"的说词，也或是三太子托梦之类的，以满足浪漫的幻想。）

"抄袭"二字挑动了敏感神经，比较勇敢的朋友会继续追问："为什么要抄？"

我回答他："他这么厉害，我当然要向他学习啊。"

听到此，大家都语塞沉默。对啊，为什么不呢？你为什么要放着这么厉害的典范在那边，而选择原地踏步呢？

我个人不避讳"你都学谁的"这样的说法，我认为追随其他伟大的面包师傅也是进步的动力，但到最后你会想加入自己的想法，那就是每家的面包同中有异的关键。在此，也明白跟大家澄清一下，堂本的面包除了自己想出来的，许多更是"学习"来的，真要说的话，店里约有60%的配方都是来自书本或网络。（初进店的工作伙伴听到这里，都

会觉得偶像梦碎，眼神都黯淡了下来。）

• •

"不过，如果只是靠抄袭，为什么我们还能存活到现在？"我反问这些年轻师傅们。

每天我们都在做这些面包，做了3年、5年、10年，今天抄昨天的、昨天抄前天的……所有工序都熟悉到连闭着眼睛都能做，那为什么每天还是得面对许多问题，每天都要开检讨会议？同一家公司，同一个配方，同一间工作站，但只是换了一个人，做出来的面包为何还是会有不同？

"配方，就像给两个化妆师同样一个化妆包，两个人用同样工具呈现出来的，肯定不会100%相同。"我说。

在食物当中，有很多是关于你、关于美、关于双手、关于生活历程和感官的东西，就像我在法国棍子面包章节所述，那当中有许多不是配方所能表达的。

"面包，不是光有配方就行了。"我解答了年轻师傅们的疑惑。

关于面包，配方好像就不是最重要的事。

亚森王子
蒙难记

开出去的支票快到期了，发薪日也要到了，老婆和我的结婚金饰也卖光了，银行不会再给我信用贷款的额度了，我头痛欲裂，焦虑难挨，这一关要怎么度过去？我还有什么东西可以卖？我该不该去地下钱庄借钱？还是硬着头皮回乡下跟爸妈借钱？还是我狠下心来……

2005年，堂本开业5年了，每天以秒杀速度卖出一个又一个面包，小小巷子里每天中午过后车水马龙，许多人慕名远来，但更多人是空手而返。由于店真的太小了，每个面包都要靠双手做出来，半点也马虎不得，小店的产量就是这样有限。我和几位师傅每天窝在小小的六尺①工作台前，这里已经没有办法再多挤下一双手了。

有几次，远道而来的客人因为买不到面包，跟我们生气，斥责我们开店卖面包怎么可以做这么少，害他买不到白跑一趟，也有好心捧场的客人买了许多面包，希望能请我们送货，但我们也以人手不足为由拒绝。甚至，厨房架上有长相不好看、无法拿来卖的面包，客人硬是要求拿出来卖给他。

编者注：①接近2米。

我说："这个做得那么难看不好啦！"

客人焦急地回答："不会啦！"

我切给客人试吃，客人说："这很好吃啊！"那就送给你好了，我不好意思收钱。

客人连忙说不，坚持一定要付钱买，更再三跟我保证"非常好吃"，最后急忙丢了钱、抢了面包就走了。

，5%利基市场论
镁光灯下太骄傲，

还记得刚开业的时候，曾有知名的面包师傅跟我分享他做那些"奇怪"面包的原因。他说，传统面包要和95%以上的人竞争，但是如果做自己熟悉而且喜欢的面包，竞争对象就非常少，这是5%利基市场（niche market）的理论。

听了这位前辈的想法，我决定在客人与堂本建立了信任关系之后，也开始"偷渡"几款我想做的面包。而客人们因为相信我的手艺，把我每一次带来的改变，视为生活里期待的小小火花；而我仿佛在玩一场有趣的游戏，兴致勃勃地推出一款又一款受欢迎的新品面包。就这样，堂本在隐秘的小巷子内，在没有做广告的情况下，获得如潮水而来的掌声与打在我身上的灯光，这些竟一时让我看不清楚台下的观众是谁。

2005年，我到距离堂本3公里的地方开了另外一家面包店"亚森洋果子"，我刻

256

意地不用堂本这个名字，因为我想知道自己到底行不行。

对于非科班出身的面包师傅来说，做出来的面包可以取得如此成功，让我想再一次证明我的面包是真的很受欢迎，当然我也想在新店尝试做蛋糕和其他的甜点，还有……我有一种骄傲，以为自己真的无所不能了。

• 营运低潮带来巨大亏损 •

开了亚森洋果子之后，我故技重施，不打广告，提供试吃，怪的是竟然没有一个客人愿意拿起来吃看看。短短3公里的距离，怎么客人的反应差别这么大？

在堂本受尽宠爱与欢迎的面包孩子们，到了亚森的销售量竟然只有三分之一，甚至有客人进来逛了一圈之后，什么都没有买就走了。老客人说，堂本的面包比亚森的面包还要好吃，但这明明都是同一个烤箱出炉的啊！怎么在客人的心目中，堂本就是好吃胜过亚森？我想不透为什么会这样，但每天面对着要丢弃的面包，我心如刀割。

很快地，我就遇到了窘境。投资在亚森的烘焙设备，费用高达好几百万①，贷款的压力很快就降临了。由于我的性格是，只要能够买最好的，就一定是买最

好的来用，相较其他经营者精打细算的脑袋，在我身上却完全不存在"能省则省"的观念。我唯一知道的，就是要把东西做到最好。

然而，亚森的营运仍然低潮连连。当月底一来，该支付的房租、薪水、材料费、水电费、机器贷款等账单接踵而至，就是我痛苦焦虑的时候。该办的信用贷款也办了，该卖的金饰珠宝也卖光了，堂本的生意依然很好，但是卖面包这样的蝇头小利，怎么样也无法承受每个月巨大的亏损，我该怎么办？

• 财务风暴给机会 重新认识自己 •

我对自己说，我需要钱！开口借钱的压力虽然是一生最恐怖的梦魇，但不借到钱我就得关门打烊。于是，我硬着头皮回到斗南乡下，跟爸爸妈妈讨支援。

当我开口艰涩说出困难的时候，妈妈担心地哭了，爸爸觉得这个孩子怎么这么笨、这么不会计算、这么不会打算，到底要为我担心到什么时候，"真是了然（闽南语，完蛋的意思）的孩子！"大家都摇头叹气。

骂归骂，爸妈毕竟还是爱我的。我厚脸皮借到"疏困金"之后，彻底知道自

257

己犯了错，我不该自傲地以为自己什么都很行，也不应该什么事情都往最乐观的角度去想，我自尝苦果却又要家人同舟共济，这种行为跟"了尾仔囝"（闽南语，指倾家荡产无法自立的子孙）有什么两样？

这场痛苦的财务风暴给了我一个很好的机会，让我重新认识自己的能力，仔细思考原本的价值观是否需要调整，也懂得将身段放软下来。为了增加营业额，有人订500元新台币的蛋糕送不送？送！有代工的订单接不接？接！有机关的餐盒做不做？做啊！就连有人问我要不要去公家机关摆摊卖面包，脸皮薄的我也硬着头皮都去。我一心一意想要赶快赚钱还爸妈，证明我自己不是了然的孩子。

● 化过妆的祝福产生过关抗体 ●

为了让亚森的面包能够带来回流的客人，我开发用更高级的原料做的平价面包，也开发口味特殊的高档送礼礼盒。就这样每天绞尽脑汁用尽力气努力工作着，而幸运的事情也不断地发生。我和太太每天做到拖着蹒跚的脚步回家，最后只剩下躺平的力气；在一片好评声中，亚森的客人不断回流，终于在两年后脱离了困境。

有人说苦难是化过妆的祝福，我的面包人生在经过这次的风暴演习之后，我开始对恶劣的环境产生抗体。接下来的日子里，我们遇到2007年原物料暴涨，根据面包工会统计全台有600家面包店倒闭；而接着下来2008年底的金融风暴，堂本和亚森在老客户带动新客户的支持下，安稳地渡过难关。

我一如既往地在好食材上面没有成本观念，经营的处境越是艰难，我越是投入更好的材料、更多的手工，做出更加美味的面包。或许这有点事后诸葛，但我认为没有成本观念不见得是错误的，只是成本该花在哪才有价值，这才是比

较值得深思的课题。

❝感谢挫折来得早
感恩亲情支持❞

回首创业路途，我不禁为自己当时暴虎冯河①的勇气，和过度膨胀的自信心捏一把冷汗。幸运的是，当时我才30岁出头，如果我在40岁遇到这样的困难，甚至在50岁才遇到挫折，那时我是否还有反省的能力？还有改进的机会？还有足够的心智与勇气去面对与超越？

每当午夜梦回，想起绷紧头皮向爸妈开口的当时，这一场"亚森王子蒙难记"的震撼教育，让我在检讨省思之际又更加心怀感谢。

我要特别感谢爸妈给了我继续努力的机会，但同时也要说声对不起，我让你们担忧了。您们的孩子虽然不谙于计算，但绝对不"了然"，我只是需要一点引导、一点不会打败我的困难，一点在绊倒我之后，还让我有力气站起来的挫折。

编者注：
①成语，比喻有勇无谋，鲁莽冒险。暴虎：徒手搏虎；冯（píng）河：徒步涉水过河。

身为一个在过去成长路上并不被大人们所看好的人，在从事面包师工作十多年后，我发现原来不是只有一直考试、念书、升学、考证照才是走向人生成功的唯一道路，只要你从事一份热爱的工作，只要你坚持着道路，慢慢去走，终究有发光发热的一天。我并没有想要做得很有名，但是想着要把好东西带给大家，不知不觉成就了两家店，旗下有二十多名共同奋斗的同事，工作伙伴的数字相当于一家中小企业，许多朋友听到都觉得讶异，一家小小的面包店，竟可以支持这么多个家庭。（我知道这听来有点臭屁，但请容许我小小得意一下！）当然，我也很庆幸有这些伙伴，我不至于得单独去面对只有自己的寂寞与恐惧。

偶尔，会有年轻的面包师傅在我的脸书上或手机上传来求救讯息，尽管面包店的工作永远做不完，但我总是乐于回答这各式各样的问题。有鉴于此，我整理了以下心得，希望我这16年来的面包师生涯能对有意投入面包业的年轻人们，带来些许帮助。

我 的
自 学
之 路

（六）

致
下一世代
的面包师

❛制作食物的人更要懂人心❜

回想从前，宝春师傅曾经感慨："要我走出厨房跟客人说话，腿上就像绑了千斤重的面粉，想都没想过！"

传统面包店的经营方式就是埋头苦干，师傅们夜以继日重复动作，没有时间停下来看一看他的客人长什么样、他们喜欢买什么样的面包，当然也不会去想客人究竟要的是什么。

"一个不懂人心的厨师，要怎么做出感动人的料理？"我问宝春。如果你不是为了客人而做，那他为什么又要买你的面包？煮菜的人怀抱什么样的心性，传递出来的味道也会不同，你很潦草的话，做出来的味道也很潦草，你很用心的话，别人就会吃得出来。

我之所以会这样思考，可能与我出身音响行业有关。我知道我面对的客人都有点社会地位，如果我无法跟他们对话，根本就无法做成生意，所以那时候规定自己每天要看4份报纸与3本当期杂志，而这个累积的过程无形间也影响我

看待面包的方式。这也是我认为制作食物的人所应抱持的基本精神。

♪ 能打败商业的反商业行为 ♪

餐饮业无疑是台湾变化速度最快的产业，同一间店面不出几年就顶让多家，这样的现象极为普通，更说明了这个业界的竞争有多激烈。

近年来，面包产业面对市场压力，开始有不同经营方式。传统面包店引进预拌粉，只要加水搅拌，按照使用说明，

就可以快速做出面包；而讲究一点的连锁面包店则发展中央工厂，统一配送冷冻面团，门市只要负责烤熟就能卖，任何人都可以做面包，这大大节省了人力成本，又能迅速量产，很方便赚钱。但在这之中，却有越来越多走精致路线的面包，仍旧是采用"前店后厂"的模式，直接制作，新鲜贩售。这也是我认为比较合理的方式，也可能是我唯一认为值得坚持的"传统"吧。

开面包店除了计算KPI（损益平衡），

263

还有没有别的选择？我认为在这个商业时代，能够打败商业的，就只有"反商业行为"。如果大多数人追求方便、快速、低成本，那你用更多的手工、更多的时间、更好的材料，不是很容易鹤立鸡群，成为绿叶中的那朵红花吗？

● 管理就是沟通
助人或让人助你 ●

传统面包店的管理模式采用"师徒制"，这种不可破的辈分关系，往往是僵化思考的原因。不仅如此，在饭店的厨房里也会有主厨、二厨、主管等，许多人花了10年终于从学徒熬出头，但往往技术出师了，与人的沟通却不好，因为他所学会的"管理"就是"骂人"。

我在很多产业交流中发现，公司会外派的人才有时候往往不是技术最好的，但却是沟通最好的。所以，经验与技术

都不是最主要的管理特质，只要是愿意分享或请教的人，都可以为自己发掘许多"贵人"，这些贵人帮你解决疑惑，教你更多，让你的世界开阔，甚至成长得更快。有鉴于此，我的方法是让厨房"没有主管"，任何进到厨房的工作伙伴（不分年龄）只要工作超过半年时间，轮值当主管。

我希望工作伙伴们通过这样的练习，不管是为了帮助别人，还是让人来帮助你，都懂着先伸出手来，而不是永远把自己关在困境里。

● 面对挫折失败
找出原因改善 ●

只要是创业者，都会有面临低潮的时刻，任何一家店不可能生意长旺，难免会有起起伏伏。只不过面对问题的时候，能否了解真正的原因，才是最重要

的事情。

我开第二间店亚森洋果子的时候，生意一落千丈，甚至得借钱来发薪水。可是在那段期间，我并没有因为生意变差，就直接压成本，打促销策略。面对问题，我第一件检讨的是，原本的工作工序是否如实到位，是不是我们太轻忽了？如果一个面包的制程有10道工序，那能不能讲究到15道工序，让每个环节更加到位。其次，人们当初是为何而来，不就是看在堂本面包的滋味不错、用料实在吗？这个成功法则不是"失灵"，而

265

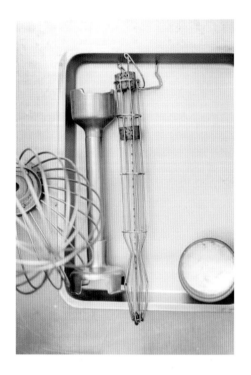

266

是没有被"感受"到，那我能不能用更好的食材、放更多的材料来唤醒消费者？

我想告诉年轻的面包师傅，你在创业的路上一定会面临挫折，但无须害怕它。成功会让人觉得一切都很理所当然，容易让人松懈，不再步步为营、战战兢兢；失败的发生是为了引导你接近成功。

❛别让传统设限
以开放态度学创新❜

这些尝试对没有传统面包店包袱的我来说，是很自由的！

非常庆幸从来没有人跑来跟我说：

"阿洸，这个不可以这样加！"

"阿洸，那个不可以这样搞！"

"阿洸，没有人这样做啦！"

"阿洸，这样会失败啦！"

传统与创新向来是一种很紧张对立又是彼此相亲相爱的关系，西式的烘焙业传入台湾不会超过百年的时间，说来也不见得有什么"既有的传统"与"非遵守不可"的规矩。但了解传统面包师傅的生活就知道，每天清晨进到店里，就开始了一天紧张刺激的生活，一来没有时间去学习新的东西，二来是当初的环境里资讯还是很匮乏的，想学也没有地方可以学，所以并不是面包师傅不愿意学，其实是环境使然。

❛好好休息，
累积业外人生乐趣❜

在面包创作的过程中，需要很多不同的学习和异文化的冲击。因为创意本身需要跳脱既有的思考模式，从已经定型的行为限制中解放出来。我建议觉得自己没有创意的人，可以从日常生活中先培养出好奇心，比方说我知道上班的路要怎么走，但是我不会每天走相同的路，偶尔把车子骑到小巷子中也可以感受到氛围不同的乐趣。

有鉴于此，当我开业之后我就给自己和同伴一个很特殊的待遇，就是每个星期天不开店，每个月第四个星期的星期六、日也不开店，再加上排休。这样做除了希望工作伙伴们可以有个固定星期日可以陪伴家人，也是因为我认为如果一味忙碌地做重复的事，就不会有时间去享受工作之外的人生乐趣，也不会有机会去思考现在所处的环境和位置，进一步对所从事的行业保持高度的敏感。关于这样的循环，我也会尽我所能地将它延续下去到下一个再下一个16年。

关于人情味的游戏

福建科学技术出版社

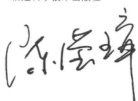

　　如果说，体育比赛是关于输赢的游戏，那么，经营一家餐饮店，则可以成为一个关于人情味的游戏。

　　台湾著名面包师吴宝春在一次采访中，有点动情地说："食物吃到人体后，就成为人体的一部分，这是多么地重要，我们身为师傅，一定要去严谨地把关跟认识。"是的，这就是最简单、直接的，关于社会诚信、与陌生人之间的诚意的"游戏"。

　　真的美味，不能用言语传达，只能亲自品尝；当你向陌生人付出诚意并获得回报，也会真切地感受到，人情是有味道的。

　　《堂本面包店》是我社从台湾引进《吴宝春的面包秘笈》之后引进中国大陆的。吴宝春和陈抚洸两位师傅的渊源，在《堂本面包店》中多有体现。此两本书，也有一定的"上下集"关系，有兴趣的朋友可以都看看。如果说，有"面包诗人"之称的吴宝春师傅的文字是"诗歌"的体质，意味深刻隽永，那么，这本书的文字，就是"散文"的体质，充满着随性轻松，并时时闪现着智慧；如果说，《吴宝春的面包秘笈》是"阳春白雪"，那么这本书就是"下里巴人"，两者一定要都有，才完美。

　　在这本书中，每一款配方的产生，都有故事和思考，它们讲述了同业互助之情、友情、亲情、爱情、邻里之情……有对创新与传统、平凡与不凡的思考，有己见的坚持，有成见与意外、自负与自省的转变，有东方与西方间的跨界，有对各国不同性格的美味体验……

当我读到《告诉我，你用什么改良剂》中材料商的"良心转变"，忍不住发笑；在《一场饼与馅的对手戏》中，看到"当你明白马卡龙的世界是如何运行，就能从星球的模样反推宇宙是如何大爆炸，而每一次的失败都透露出许多讯息，引导你抵达终点"，顿觉脑洞大开，创意无限……；在《野酵母的驯养守则》中，读到"有了那次经验，我开始相信漂浮在面包店的每一粒灰尘，都有神明住着，守护着每一个职人用心制作的面包"，让我感到，这面粉与酵母与水的游戏，好有禅意！

这本书的配方中，有娇贵却"出身于平常"的马卡龙小姐，有存放半年更香的"老史多伦"……阿洸师傅不藏私地公开17款自家好评产品的配方。对于每款的制作步骤，在叙述中带着写日记的口吻，如此细致耐心，在食谱图书中少见到，对入门者应有帮助。同时，书中还阐发了作者自己构造配方的思路，介绍研发的技巧，以及创业、经营的经验，相信如果读者是烘焙达人或从业者，亦会有收益。

不知看书的您是否是带孩子的父母，如果小孩未能如您所愿好好读书，那么请"慢慢看"。这本书的作者，以及吴宝春师傅，小时候也都因为种种原因而是"不爱读书的小孩"，但是，那并不是因为他们缺少文采，或者思想。

在陈抚洸师傅的店中，还有许多"非传统"出身的年轻师傅，他们在大学或研究所毕业后来到这里，走人生中为自己所选择的道路。笔者个人认为，在这美味制造当中，有帮助人找到自我的功能；而现代社会纷繁芜杂，面团的制作，也是治愈的行为。因为人的各喜好想法的最初产生，其实都要有生理基础，受体内荷尔蒙的影响。而食欲的一次满足，就是牵扯身体的众多器官一起完成之事。所以，一个人对食物的调理，也可以理解为一次自我的修养。而这样的自我教育，还能通过其产物——食物与他人分享，这是多么好的事。

面包通常被认为是西方的食物，实际上，它发源于非洲的埃及，在西方国家中发展成熟，传播到日本后，经过了很多嬗变与创发，近年来，中国台湾的师傅又为它添加了更多新的阐释。例如，在这本书的《庙口花生春卷面包》中，阿洸师傅彻底打破东西界限，让两种饮食文化中的食材交融，创造出了美妙的滋味。因此，这小小的面团，虽不会说话，却是世界的和平使者，穿梭交织于各方文化。

笔者时有听说台湾百姓对陌生人很友善的故事、报道，也有人在台湾社会的很多细节中体会到人情味。在这本书中，我仿佛闻到了从海峡对岸一条小巷中飘来的麦品香，那里面包含着质感生活的气息，而在这气息背后的，正如这本书中《玩不腻的味觉游戏》所说，是"生命力"与"热度"，那是可以勾连彼此、源源不断的循环。

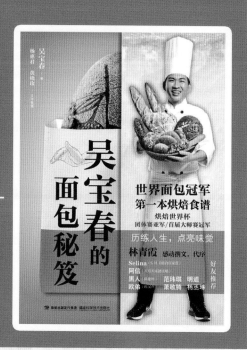

甜点类图书

《马卡龙美味魔法超详解》

作者：Kokoma(吴亭臻)

全价：65.00元

不厌其烦模拟22种失败情况，细教制作技巧，

10种内馅，27种淡柔可爱风造型.

用简单材料变出马卡龙的魔法！

本书预览

及快速购买通道：

本社天猫旗舰店链接

请用淘宝客户端扫描

《吕老师的甜点日记》

作者：吕升达

全价：55.00元

25类111种甜品，

同一款面糊多种变化利用，

台湾籍热门烘焙教室老师

简单、随性而又质感丰厚的甜咸点分享。

本书预览

及快速购买通道：

本社天猫旗舰店链接

请用淘宝客户端扫描

著作权合同登记号：图字 132017080

本中文简体版图书通过成都天鸢文化传播有限公司代理，经台湾远足文化事业股份有限公司（幸福文化）授权福建科学技术出版社在中国大陆独家出版发行。非经书面同意，不得以任何形式，任意重制转载。本著作限于中国大陆地区发行。

图书在版编目 (CIP) 数据

堂本面包店 / 陈抚洸著 . —福州：福建科学技术出版社，2018.8
（2023.2 重印）
ISBN 978-7-5335-5638-9

Ⅰ . ①堂… Ⅱ . ①陈… Ⅲ . ①面包 – 制作 Ⅳ . ① TS213.21

中国版本图书馆 CIP 数据核字（2018）第 131424 号

书 名	堂本面包店
著 者	陈抚洸
责任编辑	陈滢璋
封面设计	刘 丽
责任校对	林锦春
出版发行	福建科学技术出版社
社 址	福州市东水路76号（邮编350001）
网 址	www.fjstp.com
经 销	福建新华发行（集团）有限责任公司
印 刷	福州德安彩色印刷有限公司
开 本	787毫米×1092毫米 1/16
印 张	17
图 文	272码
版 次	2018年8月第1版
印 次	2023年2月第4次印刷
书 号	ISBN 978-7-5335-5638-9
定 价	69.00元

书中如有印装质量问题，可直接向本社调换